SCHÄFFER

POESCHEL

Marcus Disselkamp/Swen Heinemann

Digital-Transformation-Management

Den digitalen Wandel erfolgreich umsetzen

2018

Schäffer-Poeschel Verlag Stuttgart

Bibliografische Information der Deutschen Nationalbibliothek
Die Deutsche Nationalbibliothek verzeichnet diese Publikation
in der Deutschen Nationalbibliografie; detaillierte bibliografische Daten sind im Internet über < http://dnb.d-nb.de >
abrufbar.

Gedruckt auf chlorfrei gebleichtem, säurefreiem
und alterungsbeständigem Papier

Print: ISBN 978-3-7910-4151-3   Bestell-Nr. 10270-0001
ePDF: ISBN 978-3-7910-4152-0   Bestell-Nr. 10270-0150

© 2018 Schäffer-Poeschel
Verlag für Wirtschaft · Steuern · Recht GmbH
www.schaeffer-poeschel.de
service@schaeffer-poeschel.de

Umschlagentwurf: Goldener Westen, Berlin
Umschlaggestaltung: Kienle gestaltet, Stuttgart
(Bildnachweis: Shutterstock)
Lektorat: Alexander Kurz, Redaktionsbüro Kurz, Stuttgart
Satz: Claudia Wild, Konstanz
Printed in Germany

März 2018

Schäffer-Poeschel Verlag Stuttgart
Ein Unternehmen der Haufe Group

Vorwort

Seit Jahrzehnten erleben wir einen intensiven digitalen Wandel. Angefangen bei Großrechnern, gefolgt von Personal Computern, Smartphones, Tablet Computern bis zur neuen Post-App-Phase – unser berufliches und soziales Umfeld unterliegt dauerhaften Veränderungen. Dieser Wandel wird vorerst nicht enden, sondern sich eher noch verstärken. Neue Technologien und ihre Einsatzmöglichkeiten entwickeln sich immer schneller, digitale Systeme beweisen eine stetig wachsende Kompatibilität und früher nicht bekannte technologische Kostenvorteile werden möglich.

Dies alles erlaubt immer neue wirtschaftliche und gesellschaftliche Modelle: von innovativen Produkten, Prozessen, Geschäfts- und Organisationsmodellen bis hin zu neuen Formen der Zusammenarbeit zwischen Menschen und Unternehmen. Die Ideen für diese innovativen Modelle sind nicht immer neu. Viele von ihnen basieren auf schon lange bekannten Ansätzen oder Anregungen. Nur werden sie aufgrund des digitalen Fortschritts heute mehr und mehr realisierbar.

Aber wie managt man den digitalen Wandel und die durch ihn verursachte Digitale Transformation? Was bedeutet überhaupt die Digitale Transformation, wovon wird sie beeinflusst? Welche Rolle können bzw. sollen wir in diesem Transformationsprozess übernehmen? Welche Konsequenzen hat die Digitalisierung für unser berufliches und soziales Umfeld? Fragen, die wir in diesem Buch mit einem ganzheitlichen Blick auf ganz unterschiedliche Fachrichtungen angehen und diskutieren wollen. Wie ein Standardwerk soll diese Publikation allen an der Digitalen Transformation Interessierten die aktuellen Themen und Schlagwörter erläutern, sie für Trends und Thesen sensibilisieren sowie zu eigenen Maßnahmen motivieren.

Ganz im Sinne der Agilität orientiert sich das Buch am aktuellen Sachstand. Mit diesem Überblick verbinden wir keinen Anspruch auf absolute Perfektion, er soll der Diskussion und Weiterentwicklung dienen. Ihre Rückmeldungen und Anregungen – sehr geehrte Leserin und sehr geehrter Leser – helfen uns allen, die Transparenz über die Chancen und Risiken der Digitalen Transformation zu erhöhen.

Marcus Disselkamp und Swen Heinemann
München und Freiburg, im Dezember 2017

Inhaltsverzeichnis

1   Digitale Transformation

Definition

Basierend auf sich immer weiter entwickelnden digitalen Technologien bezeichnet die Digitale Transformationen den fortlaufenden Veränderungsprozess der gesamten Gesellschaft und Wirtschaft. Diese Transformation hat zwei Dimensionen: Zuerst einmal handelt es sich um eine Verbesserung und Optimierung bereits etablierter Systeme wie Technologien, Anwendungen, Verfahren, Geschäftsmodelle und Organisationsformen. Gleichzeitig führt die Digitale Transformation zu einem disruptiven, also bahnbrechenden System- und Strukturwandel. Es findet eine Verdrängung bisheriger Modelle durch neue, innovative Ansätze statt. Diese Disruptionen betreffen nicht nur klassische digitale Themen wie die IT-Landschaft oder Prozesse, sondern auch gesellschaftliche und soziale Bereiche. Folgerichtig spricht man bereits von einer Digitalen *und* Sozialen Transformation.

Praxis

Dieser Veränderungsprozess betrifft uns überall: ob im Büro, in der Schule, beim Arzt, beim Sport oder zuhause. Die Digitalisierung prägte bereits das ganze letzte Jahrhundert. Dazu gehört die Entwicklung des Computers vom Großrechner, Personal Computer bis zum Smartphone, Tablet Computer ebenso wie die neue Post-App-

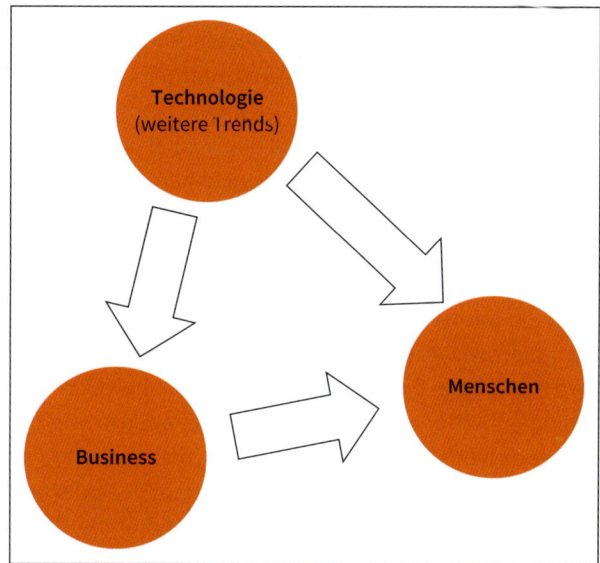

Abb. 1.1: Digitale Transformation

1

Phase auf Basis intelligenter Sprachsysteme, die computergestützte Automatisierung von Maschinen und Produktionsprozessen, das Speichern großer Datenvolumen auf Magnetplatten, Floppy Disks, CD-ROMs oder in der Cloud – wir alle erleben schon seit Jahrzehnten einen fortlaufenden Prozess, in dem die Digitalisierung unser privates oder berufliches Leben verändert. Die Digitale Transformation handelt aber nicht nur von den sich ständig weiterentwickelnden Technologien und der Art und Weise, wie diese vorhandene Verfahren und Strukturen optimieren. Das Konzept der Digitalen Transformation beinhaltet auch all die Chancen und Risiken, die aus der Anwendung dieser Technologien entstehen. Diese betreffen nicht nur klassische Anwendungsbereiche, sondern auch vollkommen neue Verfahren, Lösungen, Geschäftsmodelle und Organisationsformen.

Denn das ist der zentrale Aspekt der Digitalen Transformation: Nichts bleibt mehr so, wie es einmal war. Alles wird hinterfragt. Die Veränderungsprozesse betreffen das bisherige Leistungsangebot einer Firma ebenso wie die Fertigungsverfahren in der Produktion, die Art und Weise wie Menschen lernen, zukünftige Berufsbilder oder gar die Frage, welche Aufgaben Menschen zukünftig überhaupt noch selbst ausführen bzw. womit wir unser Geld verdienen können.

Die Digitale Transformation lebt aber nicht nur von dem technologischen Fortschritt. Auch andere Trends unterstützen den digitalen Wandel in unserer Gesellschaft. Das aktuelle Zinstief führt dazu, dass viel Geld in Neugründungen von Firmen (sogenannte Start-ups) investiert wird, die von sich aus alle etablierten Branchen und Geschäftsmodelle prüfen und womöglich verbessert oder gar disruptiv von der grünen Wiese aus erobern. Jüngere Generationen (wie die Generation Y) hinterfragen die bisherigen Lebenskonzepte ihrer Eltern und definieren für sich neue berufliche und soziale Vorstellungen. Hoch qualifizierte Mitarbeiter etablierter Unternehmen überlegen sich auf einmal, selbstständig zu werden oder Unternehmen zu gründen. Dies hat Auswirkungen auf moderne Führungs- und Organisationsmodelle wie das agile Management, die Holokratie oder einfach nur auf die Art und Weise, wie wir miteinander kommunizieren.

Konsequenz

Nur wer sich den sich rasant wechselnden Chancen und Risiken der Digitalisierung kontinuierlich anpasst, bleibt wettbewerbsfähig! Zur Sicherung der eigenen Wettbewerbsfähigkeit benötigen Privatpersonen, Unternehmen oder soziale Organisationen nicht nur einen Überblick über die Trends der Digitalen Transformation. Erfolgreich ist im digitalen Wandel nur derjenige, der die technologischen Möglichkeiten dank einer anpassungsfähigen Organisation zum Nutzen seines bisherigen oder modernisierten Geschäftsmodells einsetzt. Somit betrachtet

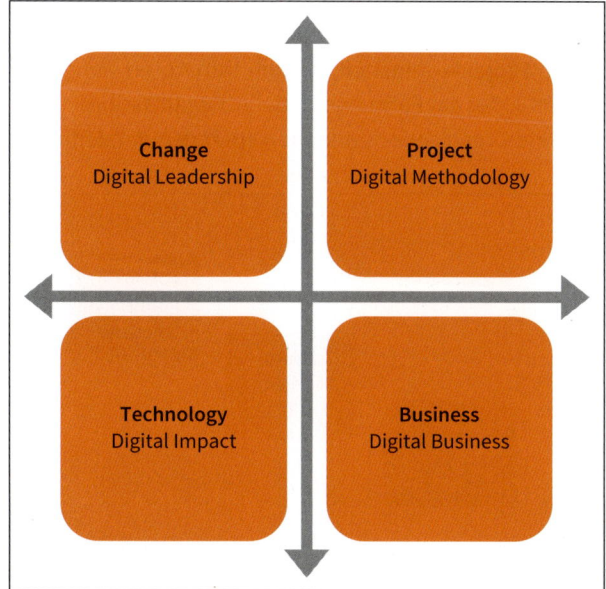

Abb. 1.2: Themenfelder der Digitalen Transformation

dieses Buch nicht nur die Megatrends der digitalen Technologien. Genauso wichtig sind die Aspekte der wirtschaftlichen Nutzung sowie der Anpassungsfähigkeit der Betroffenen in ihren Prozessen und Strukturen. Konsequenterweise gliedert sich dieses Buch in die drei Themenbereiche Digitalisierung, Business und Change.

Diese Kapitel repräsentieren drei der vier Themenfelder der Digitalen Transformation: Das Verständnis für die Entwicklung neuer Technologien, das Gespür für neue wirtschaftliche Lösungen, die Sensibilität für Veränderungsprozesse sowie das Management von Projekten. Dem Aspekt des **Projektmanagements** haben wir in dieser Publikation zwar kein eigenes Kapitel gewidmet, doch wurde das Thema der Führung von Projekten wegen seiner großen Bedeutung in die übrigen drei Themenfelder integriert. Die Digitale Transformation in Unternehmen besteht nämlich aus einer Vielzahl einzelner Projekte.

Diese vier Themenfelder repräsentieren zudem die vier **Rollen**, die zukünftig jene Personen zu übernehmen haben, die die Digitale Transformation in ihrer Organisation (sei es ein Unternehmen, eine Non-Profit-Organisation oder einfach nur eine Abteilung oder ein Team) vorantreiben möchten:

- **Trendspotter** und Dolmetscher der neuen Technologien (Technology),

- Digitalstratege und **Business-Joker** im Rahmen des Digitalen Business (Business),
- **Projektmanager** und -Verkäufer (Projekt) sowie
- Sparring-Partner und **Kommunikator** im Rahmen des Veränderungsmanagements (Change).

Die Träger dieser vier Rollen führen, motivieren und steuern den Prozess der Digitalen Transformation. Sie können daher als **Digital Transformation Manager (DTM)** bezeichnet werden. Dieser Titel ist jedoch nicht mit neuen Stellen oder Hierarchien verbunden. Vielmehr handelt es sich um eine flexible Position in agilen Teams, die je nach Bedarf unterschiedliche Kompetenzen erfordert und deren Rollen sich miteinander verbinden.

Digital Transformation Manager übernehmen unterschiedliche Verantwortung in den Projekten einer Digitalen Transformation:

- Als **Machtpromotoren** stoßen sie Visionen und konkrete Maßnahmen zur Digitalen Transformation an.
- Als **Prozesspromotoren** steuern sie die Prozesse einer Digitalen Transformation.
- Als **Fachpromotoren** wirken sie als Experten für neue Technologien, Operationale Excellence oder Kundenerfahrung, neue Geschäftsmodelle oder als Experten für weitere Fachkompetenzen wie Normen-, Branchen- oder Prozess-Know-how.

Die Digitale Transformation betrifft nicht nur Technologien, sondern auch Unternehmen. Organisationen entwickeln sich mit der Reife ihrer Digitalen Transformation und einem agilen Management von reinen Projekt-Opportunisten, die die Digitalisierung mittels einzelner (Insel-)Projekte angehen, zu den Initiatoren neuer Geschäfts- oder gar Führungsmodelle. Organisationen bzw. einzelne Organisationseinheiten erkennen mit dem Fort-

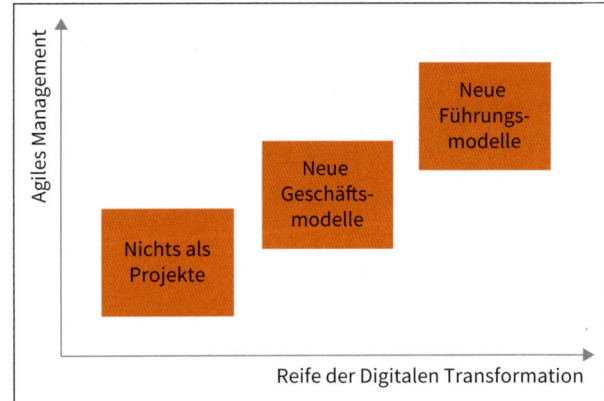

Abb. 1.3: Bereitschaft zur Digitalen Transformation

schritt der Digitalen Transformation, dass es nicht mehr ausreicht, nur digitale Projekte zu starten. Es gilt, das etablierte Geschäftsmodell grundsätzlich infrage zu stellen und neue Alternativen zu entwickeln. Zur erfolgreichen regelmäßigen Umsetzung neuer Geschäftsmodelle benötigen die Organisationen neue Führungsmodelle, die Raum für Flexibilität und Spontaneität bieten und die die Verbindung von Dezentralisierung mit Wettbewerbsfähigkeit, Rentabilität und (Organ-)Verantwortung ermöglichen. Dass dies keine Utopie, sondern bereits Realität ist, werden die folgenden Kapitel belegen. Die Digitale Transformation hat schon längst begonnen. Und sie ist nicht mehr aufzuhalten. Man muss sich an ihr beteiligen und sie für sich zu nutzen wissen. Wer dies als Unternehmen nicht erkennt und viel zu spät oder zu schwach einsteigt, kann nur verlieren. Junge bzw. agile etablierte Unternehmen aus der ganzen Welt warten nur darauf, dass ihre Wettbewerber »schwächeln« oder aufgeben.

Und was geschieht mit all den Menschen, deren berufliche Existenz durch den digitalen Wandel gefährdet ist? Denn was für Unternehmen gilt, betrifft auch jeden Einzelnen von uns: Entweder wir entwickeln uns weiter und bieten unserer Umwelt weiterhin einen Mehrwert. Oder wir bleiben stehen und werden für den (Arbeits-)Markt unattraktiv.

Zunächst einmal glauben die Autoren dieses Buches, dass viel mehr Menschen ihre eigene »Transformation« im Rahmen des digitalen Wandels bewerkstelligen, als oft angenommen wird. Wir haben längst gelernt, Smartphones und Navigationssysteme zu bedienen oder uns in sozialen Netzwerken zu bewegen und daraus Nutzen zu ziehen. Wir dürfen nur nicht auf dem einmal erreichten Niveau stehenbleiben. Die Autoren konnten selbst vor einiger Zeit erleben, dass die Bewegungen zur Steuerung der Hololens von Microsoft (Stichwort: Mixed Reality) genauso erlernt werden müssen wie vor Jahren die »Wisch«-Bewegung bei der Bedienung von Smartphones. Die Umstellung war zunächst gewöhnungsbedürftig, wurde aber mit einigem Engagement erneut zur Routine.

Digitalisierung beginnt also stets bei uns selbst – in unserem eigenen Kopf. Damit meinen wir nicht die Implantation eines RFID-Chips im eigenen Körper, sondern die eigene Überzeugung, unsere Intuition, unseren Mut und unser Engagement. Wie im Sport oder in der Familie sind wir meist selbst unseres Glückes Schmied. Wie sagte schon der frühere US-amerikanische Präsident Franklin D. Roosevelt: »Der Mensch ist nicht Gefangener des Schicksals, sondern einzig und allein seines eigenen Geistes.«

Das sogenannte Reifegradmodell, auf welches wir später noch ausführlich eingehen werden, belegt jedoch, dass sich nicht jeder Mensch mit einer selbstständigen und autonomen Rolle innerhalb einer enthierarchisierten, dezentralen Organisation wohlfühlt, wie sie die Digitale Transformation tendenziell erfordert. Um die Versorgung derjenigen sicherzustellen, die sich in dieser digitalen Welt nicht mehr wiederfinden, wird bereits über ein Grundeinkommen diskutiert. Aber das reicht nicht aus: Diese Menschen brauchen nicht nur ein Einkommen, sondern auch eine Beschäftigung. Was aber bieten wir jenen mit zu viel Freizeit, damit sie ausgelastet sind und nicht in Frustration, Aggression oder gar Gewalt verfallen?

Hier stoßen wir auf Fragen mit großer sozialer und politischer Brisanz: Ist unser heutiges Gesellschaftssystem überhaupt noch tragfähig für die Zukunft? Oder unterliegt nicht auch dieses selbst einer (digitalen) Transformation? Was geschieht mit der diametralen Vermögensverteilung zwischen Personengruppen und Regionen, die in Zeiten der Digitalisierung weiter anwächst? Welche supranationalen Organisationen verantworten und überwachen zukünftig digitale Errungenschaften wie Blockchain-basierte Krypto-Währungen (wie Bitcoins) oder das gesammelte Wissen von Google, Amazon oder Facebook?

2 Digitalisierung

Definition

Was heißt überhaupt Digitalisierung? Dem Wort »Digitus« (lat.: der Finger) wohnt wohl die ursprüngliche Bedeutung inne, dass Finger bereits in früher Zeit zum Zählen verwendet wurden. Heute verbindet man mit dem Begriff »Digitalisierung« die Verwendung digitaler Geräte und Prozessoren und den Wandel hin zu digitalen Prozessen mittels Informations- und Kommunikationstechnik. Es geht um die Aufbereitung von elektronischen Daten, ihre Nutzung, Speicherung und Weiterleitung. Die Digitalisierung erlaubt die maschinelle bzw. automatisierte Verarbeitung von Daten und Informationen, was nicht nur zu Zeit-, Qualitäts- und Kostenvorteilen führt. Sie ermöglicht auch eine intensivere Erschließung, Analyse, Wiedergabe und Verteilung von Informationen als alle vorherigen Kommunikationsmedien (wie Bücher/Zeitschriften, analoge Fotos oder Schallplatten).

Praxis

Seit Jahrzehnten erleben wir einen enormen Fortschritt der Digitalisierung. Angefangen mit Mainframe-Rechnern in den 1960er-Jahren des vorhergehenden Jahrhunderts, den Personal-Computern der 1980er-Jahre, den Smartphones und Tablets der 2000er-Jahre und dem nun stattfindenden Beginn einer Post-App-Phase (mittels Sprachassistenten wie Siri oder Alexa) – mit jeder Weiterentwicklung steigt nicht nur die Anzahl der Nutzer digitaler Medien. Vielmehr kommt es zu vollkommen neuen Anwendungen, Geschäftsmodellen und Verhaltensmustern.

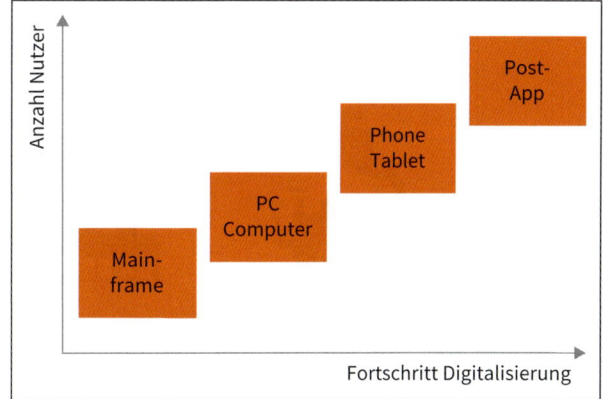

Abb. 2.1: Phasen der Digitalisierung

Der Personal-Computer (PC) eröffnete bereits breiten Bevölkerungsschichten den Zugang zu einem ersten eigenen Computer. Sogenannte Home Computer wie der Commodore C64 oder VC-20, Ataris XL/XE, ZX Spectrum oder Apple II erlaubten bereits erste private Anwendungen wie Spiele oder Textverarbeitung. Echte PCs wie IBMs x86-Prozessor-Familie mit den Betriebssystemen DOS und später Windows ermöglichten erste professionelle

	1.0	2.0	3.0	4.0
Charakter	**Maschinen**	**Akkord & Fließband**	**Computer**	**Digitalisierung**
Vorteil	Massenproduktion Transport	Rationalisierung Globalisierung	Automatisierung Informatisierung	Time to Market Individualisierung

	ab ca. 1800	ab ca. 1900	ab ca. 1960	2015+

Abb. 2.2: Phasen der Industrialisierung bis zu Industrie 4.0

Office-Anwendungen wie IBM Text4, Harvard Graphics oder Lotus 123. Heute haben schon viele Kinder im frühen Alter eigene Tablets oder Smartphones, sie beherrschen die bekannte Wischbewegung und wachsen mit Anwendungen wie Youtube, WhatsApp und MS Office 365 auf. Diese Generation kann sich nur schwer eine Welt ohne Navigationssysteme, Handys, Drucker, Scanner und E-Mail vorstellen. Eine ähnliche rasante Entwicklung erlebte die Digitalisierung auch in Unternehmen.

Blickt man in der Geschichte noch weiter zurück, lassen sich verschiedene Stufen der Industrialisierung mithilfe neuer technischer Errungenschaften erkennen: Während um 1800 der Einsatz von (Dampf-)Maschinen die erste industrielle Revolution mit Massenproduktion und -transport erlaubte, folgten um 1900 die Rationalisierung und Globalisierung dank Akkordarbeit und Fließband. Um 1960 eröffneten Computer mittels Automatisierung und Informatisierung die dritte industrielle Revolution, aktuell gefolgt von der sogenannten vierten industriellen Revolution. Sie ermöglicht eine viel schnellere Realisation neuer Produkte und Lösungen (Time to Market, also die Produkteinführungszeit) sowie die Individualisierung der Angebote bis hin zu der später noch ausführlich beschriebenen Mass Customisation mit der Losgröße 1 (siehe Kapitel 3.1.2).

Der Begriff Industrie 4.0 als Bezug auf die vierte industrielle Revolution geht auf die Forschungsunion und ein gleichnamiges Projekt in der Hightech-Strategie der deutschen Bundesregierung zurück. Im englischsprachigen Ausland wird dieser Entwicklungsschritt als »Internet der Dinge« (engl.: Internet of Things, kurz: IoT) bezeichnet, wie an späterer Stelle ausführlich geschildert (siehe Kapitel 2.1) wird.

Hintergrund

Industrielle Revolution X.0

Es sei der Hinweis erlaubt, dass man die technische Entwicklung, für die in Deutschland der Begriff »Industrie 4.0« verwendet wird, auch ganz anders benennen kann. Nach der ersten industriellen Revolution, bei der die Landarbeit von der Fabrik- bzw. Büroarbeit abgelöst wurde, steht nun eigentlich die zweite industrielle Revolution an: Routinetätigkeiten werden immer öfter von Computern übernommen, während der Mensch primär für intellektuelle und kreative Prozesse benötigt wird.

Die konkreten Ausprägungen der heutigen Digitalisierung verdeutlicht die Abbildung »Digitale Landkarte«. Ausgehend von den beiden Polen »Vernetzung Mensch zu Maschine« und »Vernetzung Maschine zu Maschine« finden

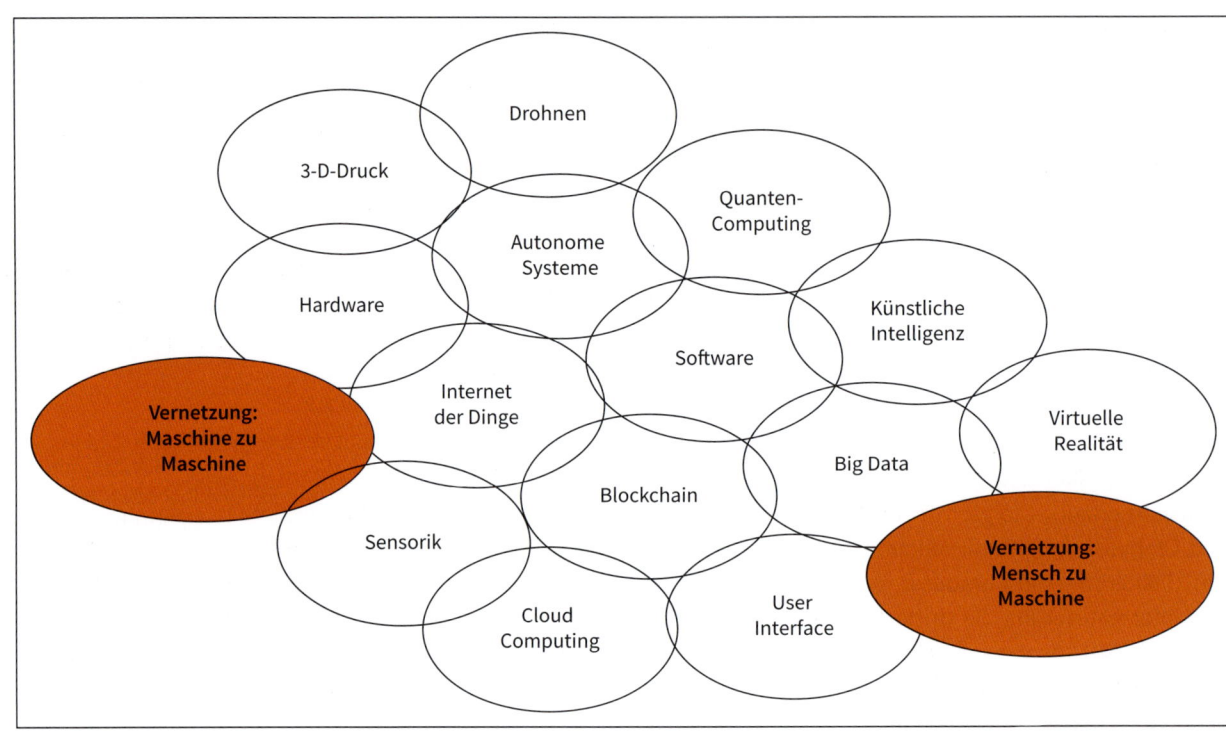

Abb. 2.3: Digitale Landkarte

sich digitale Anwendungen wie User Interface, Cloud Computing, Sensorik, Virtuelle Realität, Big Data, Blockchain, Internet der Dinge, Künstliche Intelligenz, Software- und Hardwareentwicklung, Quanten-Computing, Autonome Systeme, Drohnen und die additive Fertigung bzw. 3-D-Druck.

All diese Ausprägungen der heutigen Digitalisierung werden in diesem Buch noch ausführlicher beschrieben, doch sollen sie an dieser Stelle bereits einmal kurz definiert sein:

- User Interface: Hierunter versteht man die Schnittstelle, mit der ein Mensch (Anwender) mit einer Maschine in Kontakt tritt. Sie reicht von einem einfachen Lichtschalter über eine grafische Oberfläche eines Computers bis zu der digitalen Spracherkennung wie bei Amazons Alexa oder Apples Siri. Häufig wird dieser Begriff mit »UI« abgekürzt.
- Cloud Computing: Dieser Begriff beschreibt die Bereitstellung von IT-Infrastruktur wie beispielsweise Speicherplatz, Rechenleistung oder Anwendungssoftware als Dienstleistung über das Internet.
- Sensorik: Hier geht es um die Anwendung von Sensoren zur Messung, Überwachung und Steuerung von physikalischen Veränderungen wie Temperaturen, Licht, Gasen, Volumen etc.
- Virtuelle Realität: Hierunter versteht man die computergenerierte virtuelle Darstellung der Realität dank besonderer Brillen oder optischer Geräte.
- Big Data: Der Begriff Big Data umschreibt die Sammlung und Verwertung umfangreicher Mengen an unstrukturierten bzw. teilweise strukturierten elektronischen Daten.
- Blockchain: Grundidee der Blockchain-Technologie ist eine Art dezentrale Datenstruktur, gekoppelt mit einer Unveränderlichkeit der Datensätze und absoluter Transparenz.
- Internet der Dinge: Im Internet der Dinge kommunizieren und steuern sich einfache und komplizierte Maschinen untereinander selbstständig mittels Sensoren, Funktechnologien (wie RFID) sowie Internettechnologien und -netzwerke.
- Künstliche Intelligenz: Hierunter versteht die Informatik die Entwicklung von Prozessoren mit der Fähigkeit zu automatisiertem menschlichen Denken, zu menschlicher Kreativität und menschlicher Entscheidungsfähigkeit.
- Software- bzw. Hardwareentwicklung: Die Leistungsfähigkeit der Prozessoren wächst von Jahr zu Jahr und auch die Softwareprodukte steigern mehr oder weniger mit jedem Update ihre Performance. Mit

neuer Hardware wie der Hololens oder Smartphones inkl. elektronischer SIM-Karte zum autonomen Telefonieren kommen zudem neue Anwendungsmöglichkeiten auf den Markt.

- Autonome Systeme: Autonome Systeme können ihre Umgebung wahrnehmen, ihre eigene Position bestimmen, Gegenverkehr identifizieren und selbstständig und ohne Einfluss eines menschlichen Fahrers fahren, steuern, ausweichen und einparken.
- Drohnen: Drohnen sind unbemannte Land-, Luft- oder Wasser-Fahrzeuge, die entweder autonom operieren oder ferngesteuert werden.
- Additive Fertigung (3-D-Druck): Die additive Fertigung ist der Prozess der schichtweisen Erstellung eines dreidimensionalen Bauteils auf Basis von digitalen 3-D-Konstruktionsdaten und eines 3-D-Druckers.
- Quanten-Computing: Quantencomputer können die nächste Generation der Super-Computer sein, die – basierend auf der Quantentechnik – neue Dimensionen der Leistungsfähigkeit erreichen.

Die Themen Vernetzung, Big Data und Künstliche Intelligenz, Digitale Realität, Blockchain und additive Fertigung werden in diesem Buch in separaten Kapiteln behandelt. Sie stellen zentrale Schwerpunkte der Digitalisierung und Möglichkeiten der Digitalen Transformation dar. Gruppiert werden sie nach dem noch gleich zu diskutierenden DANT-Modell, korrespondierend zu unserer »Digitalen Trilogie«.

Konsequenz

Alles, was digitalisiert werden kann, wird digitalisiert! Diese Aussage trifft mehr und mehr in der Zeit der Digitalen Transformation zu und ist zudem die erste von drei Kernaussagen unserer **digitalen Trilogie**.

Kernaussagen der Digitalen Trilogie	Bedeutung
»Alles, was digitalisiert werden kann, wird digitalisiert!«	Im Sinne von: »digitalisiert und automatisiert«.
»Alles, was nicht digitalisiert werden kann, wird wertvoller!«	Emotionen, Liebe, Verantwortung (in Anlehnung an Gerd Leonhard)
»Alles, was vernetzt werden kann, wird vernetzt!«	Im Sinne von: »vernetzt und gegenseitig kommunikationsfähig«.

Abb. 2.4: Die Digitale Trilogie

Die Digitale Transformation ist wie schon geschrieben kein neues Phänomen. Wir erleben schon seit Jahrzehnten, wie unser berufliches und privates Umfeld immer mehr digitalisiert wird. Ob die Kommunikation mit Gesprächspartnern, das eigene Arbeitsumfeld, die Speicherung von Daten, die Steuerung von Fahrzeugen und Maschinen oder die Überwachung von technischen, aber auch menschlichen Systemen – überall hält die Digitalisierung mehr und mehr Einzug. Die Digitalisierung umfasst dabei nicht nur den rein technischen Aspekt der Datenkommunikation, sondern auch den der Automatisation. Gerade diese Automatisierung ist ein zentraler Aspekt der Digitalisierung und wird im Folgenden in einem eigenen Kapitel (inklusive Big Data, Künstliche Intelligenz, Robotik und Digitale Realität, siehe Kapitel 2.2) diskutiert.

Umgekehrt werden all jene Tätigkeiten, Aufgaben und Systeme, die nicht digitalisiert werden können, immer wertvoller. Der Futurist und Humanist Gerd Leonhard prägte diese Aussage in dem Sinne, dass Emotionen, Liebe, Verantwortung etc. nicht von Maschinen, sondern nur von uns Menschen gelebt werden können (www.futuristgerd.com). Maschinen verfügen über keine Ethik. Es besteht jedoch weniger die Gefahr, dass Maschinen uns beherrschen, als dass wir selber immer mehr zu Maschinen werden und dabei unsere ethischen Maßstäbe verlieren.

Basis aller Digitalisierung ist die digitale Vernetzung unter uns Menschen, zwischen Menschen und Maschinen sowie zwischen Maschinen und Maschinen. Auch diesem Aspekt haben wir ein eigenes Kapitel gewidmet (siehe Kapitel 2.1).

Damit ergeben sich vier besondere Treiber des digitalen Wandels, welche wir in unserem **DANT-Modell** verdeutlichen:

- **D**igitalisation (Digitalisierung): Die Digitalisierung schreitet voran und ist der primäre Treiber des Wandels, der weiteren Transformation.
- **A**utomation (Automatisierung): fortschreitende Automatisierung und Robotisierung von Routine-Aufgaben.
- **N**etworking (Vernetzung): Netzwerke zwischen den Menschen, Menschen und Maschinen und zwischen Maschinen werden wichtiger.
- **T**echnology (Technologie): Die Entwicklung der Technologien nimmt wegen der exponentiell steigenden Rechnerleistungen sowie neuen Technologien rasant zu.

Basierend auf dem DANT-Modell gliedern sich auch die Themenbereiche des Kapitels zur gesamten Digitalisierung: Vernetzung, Automatisierung und der Fortschritt der Technologien.

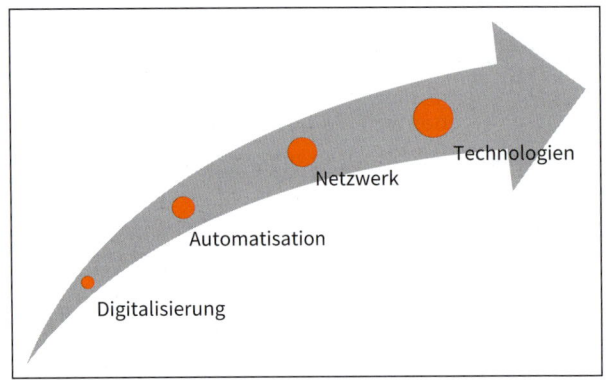

Abb. 2.5: DANT-Modell

Die Vielzahl der großen und kleinen Konsequenzen aus der Vernetzung, Automatisierung und dem Fortschritt der Technologien, aber auch aus der Digitalen Transformation werden später ausführlich beschrieben. Doch ein Aspekt soll hier gleich zu Beginn diskutiert werden: Die große Unsicherheit über die zukünftigen Ausprägungen, Anwendungen, Chancen, aber auch Risiken der Digitalisierung. Der digitale Wandel mit der daraus resultierenden Digitalen Transformation ist wie gesehen ein fortschreitender, immer schneller werdender Prozess mit immer neuen Geschäftsmodellen für die Wirtschaft,

neuen Lösungen für die Anwender, aber auch neuartigen sozialen und politischen Konsequenzen für die Menschen und die Politik. Diese enorme Unsicherheit wird in der Zwischenzeit in der Managementliteratur gerne mithilfe des sogenannten **VUCA-Modells** charakterisiert. Das Modell selbst entstammt dem U.S. Army War College, einer höheren Bildungseinrichtung der amerikanischen Streitkräfte in Carlisle, Pennsylvania, und sollte ursprünglich den US-Soldaten die Unsicherheiten des Kalten Krieges beschreiben. Heute aber dient das Akronym VUCA auch

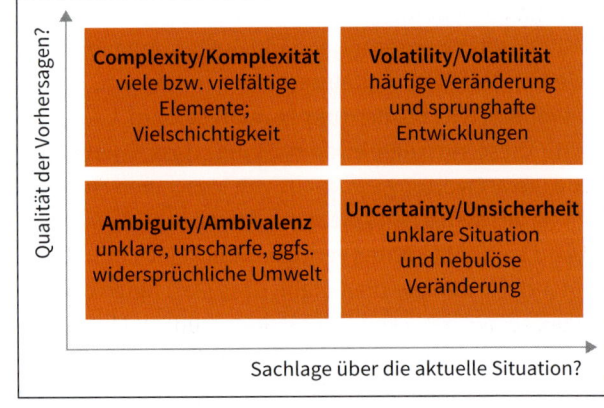

Abb. 2.6: VUCA-Modell

der Umschreibung der **V**olatility (Volatilität), **U**ncertainty (Unsicherheit), **C**omplexity (Komplexität) und **A**mbiguity (Ambivalenz) in Zeiten des digitalen Wandels.

Die Schwierigkeiten all jener, die die Entwicklung der Digitalisierung mit ihren Chancen und Risiken analysieren wollen, liegt in diesen vier Herausforderungen begründet, die einzeln, aber auch gleichzeitig wirken können. Unter Volatilität assoziiert man die ständigen Veränderungen und sprunghaften Entwicklungen in der Technik, aber auch im Verhalten von Kunden, Wettbewerbern, Lieferanten etc. Alle Marktteilnehmer verändern sich permanent, nichts ist mehr, wie es einmal war. Die Welt ist aber nicht nur volatil, sondern wird auch immer komplexer. Diese Komplexität resultiert aus der enormen Menge an Informationen zu technischen Entwicklungen und ihren Anwendungen sowie der vielen Daten zu dem jeweiligen Marktumfeld eines Unternehmens wie etwa den politischen, fiskalischen, sozialen, rechtlichen und ökologischen Rahmenbindungen. In der Summe sind die Möglichkeiten zur Vorhersage der Zukunft dadurch extrem schwierig. Zudem sind die Informationen zu Entwicklungen und Umweltfaktoren häufig unklar, unscharf und teilweise sogar widersprüchlich bzw. ambivalent. Wie soll man da eine Entscheidung entwerfen oder gar treffen? All dies führt zur Unsicherheit über zukünftige Entwicklungen und zum Fehlen der Möglichkeit, die aktuelle Situation bewusst und korrekt einzuschätzen.

Die Botschaft des VUCA-Modells lautet aber nun: Hab keine Angst vor dieser Unsicherheit. Die Welt ist nun einmal komplex, volatil, ambivalent und unsicher. Aber hiermit muss und kann man leben! Schon lange vor dem VUCA-Modell formulierte der preußische Militärexperte Carl von Clausewitz in seinem Standardwerk »Vom Kriege«, dass Unsicherheit keine beiläufige Störung von außen, sondern ein notwendiger Begleiter jeder Strategie ist. Ferner seien Unsicherheiten die Folge der Unbestimmbarkeit der Ereignisse, die von intelligenten und mit ausreichenden Mitteln ausgestatteten Gegenspielern verursacht werden. Mit anderen Worten: Jede neue technische Entwicklung, jedes neue Geschäftsmodell von etablierten oder neuen Wettbewerbern, all die neuen Trends auf dem Arbeitsmarkt haben einen Auslöser, den wir gar nicht immer nachvollziehen müssen, auch wenn es konkrete Gründe hierfür gibt. Wichtig ist vielmehr, dass wir lernen, mit diesen Unsicherheiten erfolgreich proaktiv und nicht reaktiv umzugehen.

2.1 Vernetzung

Definition

Im Sinne des DANT-Modells ist das **Networking**, die Vernetzung, die Basis der Digitalisierung und Digitalen Transformation. Je mehr Menschen untereinander digital vernetzt sind, je mehr Menschen mit Maschinen und je mehr Maschinen mit weiteren Maschinen in digitalen Systemen miteinander kommunizieren, Informationen austauschen, Impulse (wie Aufgaben und Befehle) anstoßen oder gemeinsam Prozesse verarbeiten, desto mehr vollzieht sich die Digitalisierung unserer Umwelt und kommt es zu einer Digitalen Transformation.

Diese drei Achsen der Vernetzung werden in der Abbildung 2.7 verdeutlicht. Abhängig von der technischen Möglichkeit, ein immer größeres und miteinander kompatibles Datenvolumen über elektronische Netze auszutauschen, sowie der Fähigkeit, die Datenkommunikation immer mehr zu automatisieren, entwickelt sich die Vernetzung. Während sich am Anfang primär Menschen mittels E-Mail oder sozialen Medien untereinander vernetzten, kam es mit der Zeit aufgrund von E-Commerce-Anwendungen beim Online-Shopping, Online-Banking oder bei Online-Reisebuchungen etc. zu einer Vernetzung zwischen Menschen und Maschinen. Heute sprechen wir von einem Internet der Dinge, in welchem Maschinen mit anderen Maschinen vernetzt sind und untereinander Informationen und Befehle austauschen.

Praxis

Gerade diese dritte Stufe der Vernetzung gewinnt in der Praxis immer mehr an Bedeutung, da sie nicht nur auf Automatisierung beruht, sondern diese weiter ermöglicht. Autonome Fahrsysteme, Künstliche Intelligenz oder Digitale Realität sind erst dank der Vernetzung zwischen Ma-

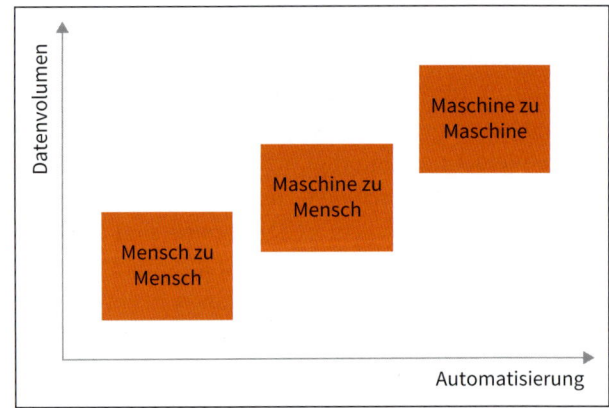

Abb. 2.7: Stufen der Vernetzung

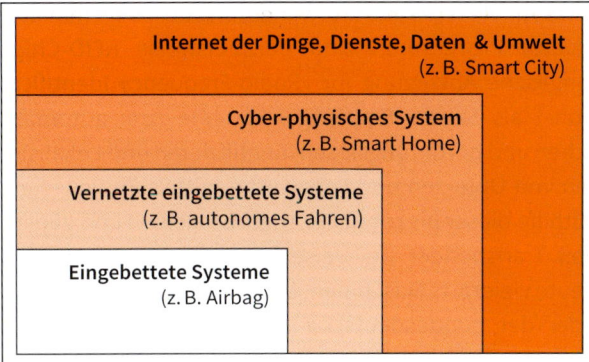

Internet der Dinge, Dienste, Daten & Umwelt
(z. B. Smart City)

Cyber-physisches System
(z. B. Smart Home)

Vernetzte eingebettete Systeme
(z. B. autonomes Fahren)

Eingebettete Systeme
(z. B. Airbag)

Abb. 2.8: Ebenen der Vernetzung

schinen mit Maschinen möglich. Unterschieden wird die rein maschinelle Vernetzung in vier Stufen.

Am einfachsten sind sogenannte **eingebettete Systeme** (engl.: Embedded Systems), bei denen Prozessoren in einen technischen Kontext eingebunden (eingebettet) sind und hier Überwachungs- oder Steuerungsfunktionen übernehmen. So steuern Sensoren in Waschmaschinen oder Kühlschränken die richtige Temperatur, ohne dass dabei ein Mensch eingreifen muss. Crash-Sensoren an Fahrzeugen steuern in Sekundenbruchteilen die Aktivierung von Airbags. In nahezu allen Anwendungsszena-

rien sind heute schon eingebettete Systeme möglich oder bereits realisiert wie beim Aufladen von Batterien, bei Autofokus-Kameras, Smartphones, externen Festplatten, Faxgeräten, der Identifikation per Fingerabdruck, Fotokopierern und Scannern, Fernsehapparaten, Spielekonsolen, Videokonferenzsystemen u.v.a.

Durch eine Vernetzung mehrerer eingebetteter Systeme werden nicht nur Informationen untereinander ausgetauscht, hier können sich Systeme sogar selbst gegenseitig steuern. Beim autonomen Fahren werden beispielsweise fünf Stufen der Autonomie unterschieden, bei welchen immer mehr untereinander vernetzte eingebettete Systeme die Fahrzeugsteuerung übernehmen. Bei der Stufe null übernimmt noch der Fahrer alle Steuerungsfunktionen des Fahrzeugs, während bei der Stufe 1 bestimmte Assistenzsysteme wie ein Warner für den Totwinkel oder ein Spurhalte-Assistent den Fahrer unterstützen. Bei der Stufe 2, dem sogenannten teilautomatisierten Fahren, werden bereits das automatisierte Einparken, die Spurhaltefunktion und der Stauassistent mit automatischer Beschleunigung und Bremsung in Staus gesteuert. Bei der Stufe 3, dem hochautomatisierten Fahren, können die Fahrzeuge schon eigenständig den Blinker setzen, die Spur wechseln und die Geschwindigkeit an den Verkehr anpassen. Als Vollautomatisierung bezeichnet man die vierte Stufe, bei der das Fahrzeug alle Fahrfunktionen übernimmt und der Mensch nur dann benötigt wird, wenn das System überfordert ist. In der fünften Stufe können alle Situationen des Fahrens komplett vom Fahrzeug autonom und fahrerlos übernommen werden, so dass nur noch die Zieleingabe und die Startfreigabe vom Menschen notwendig sind.

Erfolgt die Vernetzung der eingebetteten Systeme über ein Datennetzwerk wie das Internet, so spricht man von einem **Cyber-physischen System** (engl.: Cyber-Physical System, kurz: CPS). Mit hohen Komplikationen, einer Vielzahl von Sensoren, Prozessen und Entscheidungen können in Echtzeit beispielweise in einem vernetzten und intelligenten Haus (Smart Home) Fenster und Türen geschlossen, in einer Fabrik robotergestützte Produktionsvorgänge gesteuert (Smart Factory) oder Energieanbieter mit unterschiedlichen Ausgangssystemen (Smart Grid) verbunden werden.

Das **Internet der Dinge** (engl.: Internet of Things, kurz: IoT) geht noch einen Schritt weiter. Immer kleinere, vernetzte eingebettete Prozessoren sollen Menschen bei ihren Tätigkeiten unmerklich unterstützen, ohne selbst aufzufallen. Diese Vision stammt aus einem Aufsatz von 1991 von Mark Weiser mit dem Titel »The Computer for the 21st Century«, wobei der Begriff des IoT erstmals 1999 von Kevin Ashton verwendet wurde. Solch miniaturisierte Prozessoren sind beispielsweise RFID-Chips (englische Abkürzung für »Radio-Frequency Identification«) als Sender-Empfänger-Systeme zum automatischen und berührungslosen Identifizieren und Lokalisieren von Objekten und Lebewesen mittels Radiowellen. Mithilfe dieser bis zur Reiskorngröße kleinen und günstigen Transponder (teilweise im Cent-Bereich) werden heute vielerorts Maschinen, Ersatzteile, Kleidungsstücke oder der bundesdeutsche Personalausweis versehen und unauffällig, allerdings auch nur aus geringer Reichweite, ausgelesen. Eine wesentlich weitere Reichweite erreicht der im Jahr 2013 von Apple unter dem Markennamen iBeacon eingeführte proprietäre Standard zur Lokalisierung von Gegenständen in geschlossenen Räumen. Bei diesem auf Bluetooth-Low-Energy basierenden System können Informationen bis zu einer Reichweite von 30 Metern auf Smartphones, Smartwatches oder Gamepads angezeigt werden. Schon heute nutzen stationäre Einzelhändler wie IKEA iBeacons zur Einblendung von Produktinformationen und Sonderangeboten, um das Kaufverhaltens der Kunden zu steuern. Sportstätten, Museen, Flughäfen oder Städte verwenden die Technologie zur Überwachung und Steuerung der Besucherströme bis hin zur Nutzung von Smartphones als Audio-Guides.

Eine dritte IoT-Anwendung sind sogenannte Wearables, also Computersysteme, die während der Anwendung am Körper des Benutzers befestigt sind. Ob Fitnessmesser, Activity-Tracker, Brillen (z. B. Google Glass) oder Smartwatches (z. B. Apple Watch) – gerade in jüngster Zeit vollzieht sich ein Hype um jene Geräte, die Schritte, Kalorienverbrauch, Herzfrequenz und Laufstrecke messen, Musik wiedergeben, Anrufe annehmen oder Wetterdaten übermitteln können. Solche Systeme verstärken den Trend zu der bereits erwähnten Post-App-Phase, in der die Kommunikation nicht mehr über Browser und Applikationen geschieht, sondern u. a. per Spracherkennung.

Konsequenz

Die Vernetzung greift um sich. Wir können uns ihr kaum noch entziehen: Egal ob beim Reisen mit der Bahn, dem PKW oder dem Flugzeug, Arbeiten am Computer oder an Maschinen, der Informationssuche im Internet, Steuern der privaten Heizung oder beim Einkaufen im Internet, überall treffen wir auf Netzwerke, in denen wir mit anderen Menschen oder mit Maschinen kommunizieren. Daneben existieren immer mehr Netzwerke, in denen Maschinen direkt und autonom untereinander verknüpft sind, ohne dass wir Menschen in die Aktivitäten und Handlungen eingebunden sind.

Doch nicht nur die Vernetzung weitet sich immer weiter aus. Der Mensch entwickelt eine immer größere Akzeptanz für mobile digitale Geräte. Mit dem Fortschreiten der Verfügbarkeit und Preisattraktivität von Online-Datenvolumen sowie einfachen, intuitiven Bedienungselementen steigt die Verbreitung und Akzeptanz mobiler Geräte. Aus einer bis dato eher rationalen Nutzung erwächst eine schon vertrauensvolle, ja fast innige Beziehung zu Computern und Maschinen, nicht zuletzt in Form von Smartphones, virtuellen digitalen Assistenten oder Wearables bis hin zu technischen und elektronischen Implantaten wie elektronischen Chips unter der Haut.

Diese Hardware, Betriebssysteme und die dafür geschriebenen Programme werden für uns immer mehr zur Verlängerung unseres Wissens, unserer Erfahrungen, unseres Denkens, unseres Gehirns, unseres Bewusstseins. So manche digitalen und elektronischen Systeme sind bereits in unser »Fleisch und Blut« übergegangen. Viele Menschen orientieren sich auf Reisen vorwiegend mittels ihrer Navigationssysteme und verlernen das Lesen von Straßenkarten oder wir schauen ständig in die Fächer unserer elektronischen Mail, verlieren dabei aber die Wertschätzung für handgeschriebene Briefe oder vernachlässigen das persönliche Gespräch. Mittels Wearables lassen wir unsere physischen Grenzen analysieren und teilen die Erkenntnisse via Cloud-System einer mehr oder weniger großen Öffentlichkeit mit, ohne zu viel über Datenschutz und IT-Sicherheit nachzudenken. Wie weit werden wir der Technik die Kontrolle und Steuerung unseres Alltags und unseres Lebens anvertrauen und übergeben?

2.2 Automatisierung

Definition

Die DIN-Norm V 19233 des Deutschen Instituts für Normung e.V. definiert Automatisierung als das Ausrüsten einer Einrichtung, sodass diese ganz oder teilweise ohne Mitwirkung des Menschen bestimmungsgemäß arbeiten kann. Im Rahmen der Digitalisierung geht es dabei um die Automatisierung von Arbeitsschritten, Analysen und Entscheidungen. Sie dient

- der Erhöhung der Produktionsmenge bei geringeren Personalkosten und reduzierter Fehlerzahl und somit der Steigerung der Produktivität,
- der Standardisierung der Produktqualität,
- der Entlastung des Menschen von schwerer körperlicher oder monotoner Arbeit,

- dem schnelleren Analysieren riesiger Mengen an Daten und Informationen,
- der Identifikation von Verbesserungspotenzialen oder kriminellen Handlungen sowie
- zur Steuerung komplexer Systeme.

Für die Automatisierung werden vernetzte Infrastrukturen und Systeme benötigt, die mit großen Datenmengen umgehen können. Vier Themenfelder werden daher im Folgenden im Rahmen der Automatisierung ausführlich erläutert: Big Data, Künstliche Intelligenz, Robotik und Digitale Realität.

Praxis und Konsequenz

Die Industrialisierung ist geprägt von der Automatisierung. Ob bei der Fertigung von Fahrzeugen, Elektroartikeln oder Konsumgütern, dank immer stärker vollautomatisierter Fertigungsprozesse erreicht die Produktivität neue Ausmaße, können Sicherheitsstandards verbessert und Kosten gesenkt werden. Selbstfahrende Fahrzeuge könnten die Überlastung unserer Verkehrswege reduzieren. Automatisierte Muster- und Gesichtserkennung werden an manchen Orten bereits zur Bekämpfung von Kriminalität und Terrorismus eingesetzt.

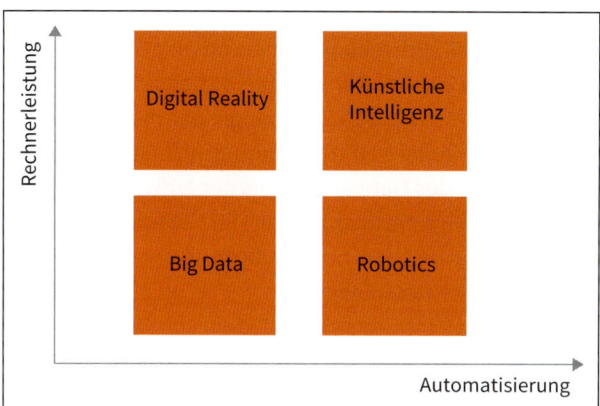

Abb. 2.9: Aspekte der Automatisierung

Doch die Automatisierung hat auch Schattenseiten: Schon seit Jahrzehnten gehen aufgrund der anhaltenden Automatisierung vieler Tätigkeiten Arbeitsplätze verloren. Ein historisches Beispiel war die komplette Freistellung der Telefonistinnen durch die Einführung des automatischen Wahlsystems bei den Telefongesellschaften. Und es wurde immer mehr automatisiert: Roboter dominieren heute die Produktion in vielen Fertigungsstraßen. Die Funktion der Menschen verschiebt sich auf die Administration, Planung und Kontrolle.

Die fortschreitende Automatisierung und Robotisierung von Routineaufgaben führt zu dem Megatrend der Projektifizierung, wie er an späterer Stelle (siehe Kapitel 4.3.1) diskutiert wird. Menschen werden – wenn überhaupt – nur noch für jene Projektaufgaben benötigt, bei denen Kreativität und Intuition benötigt werden. Dies umfasst sowohl operative Projekte wie die Gewinnung eines neuen Kunden oder die Bearbeitung einer ungewöhnlichen Reklamation als auch strategische Projekte wie die Übernahme einer Firma oder die Feststellung eines Jahresabschlusses.

2.2.1 Big Data

Definition

Gerade an dem, was man heute unter dem Begriff »Big Data« subsumiert, wird die enorme Entwicklung der Technologie sichtbar. Schon seit Jahrzehnten sprechen Fachleute von der Datensammlung und -auswertung und verwenden hierzu Begriffe wie Data Warehousing oder Data Mining. Data Mining bedeutet, dass aus großen Datenvolumen bisher nicht identifizierte Zusammenhänge abgeleitet werden. Ziel ist die Entdeckung von reproduzierbaren Verhaltens- oder Geschäftsmustern wie beispielsweise das Wissen darüber, welche Produkte im Supermarkt gemeinsam gekauft werden, um daraus Warenkorbanalysen bzw. Empfehlungslisten abzuleiten. Oder man fragt danach, welche Eigenschaften bestimmte Nutzer eines Produktes haben. Unter einem Data Warehouse versteht man eine zentrale Datenbank, die Rohdaten aus verschiedenen, heterogenen Datenquellen kopiert und zu einem konsistenten Datenbestand verdichtet. Erst dieser zentrale Datenbestand erlaubte in der Vergangenheit eine optimale Datenauswertung und das zuvor genannte Data Mining.

Technisch basiert das Data Warehouse auf dem Online Analytical Processing (kurz: OLAP), das die Daten der verschiedenen Quellen aggregiert und in mehrdimensionale Würfel (sogenannte OLAP-Matrizen) auf einer zentralen, strukturierten, relationalen Datenbank überführt. Solche OLAP-Würfel sind für gezielte Abfragen zu einem strukturierten Datenbestand geeignet, bei denen die Rohdaten automatisiert und immer nach dem gleichen Verfahren in das Data Warehouse übertragen werden. Dies funktioniert beispielsweise bei vielen Stammdaten aus Buchhaltungs- oder Vertriebssystemen wie Adressen, Kunden- und Personaldaten, Artikelnummern, Produktbeschreibungen, Maschinenpläne, Messpunkte oder Vertragsdaten. Auch klassische Bewegungsdaten aus vorhandenen EDV-Systemen über Zustände wie Umsatz, Absatz, Kosten, Bestellung, Lieferung und Lagerort können oft noch im standardisierten Verfahren übertragen werden. Doch die OLAP-Technologie hat mehrere Nachteile: Zuerst einmal ist ihre Skalierung nicht linear, sodass mit Zunahme des Datenvolumens der Aufwand überproportional steigt. Antwortzeiten für Abfragen werden immer länger und die notwendigen Rechnerleistungen werden immer kostspieliger.

Anders das moderne Verständnis von Big Data. Hier dient nicht mehr eine zentrale Datenbank als Ausgangspunkt für die Datenanalyse, sondern es arbeiten mehrere hunderte oder sogar tausende Prozessoren oder Server automatisiert und gleichzeitig an der Sammlung und Auswertung von Daten. Dies erfolgt mittels moderner Technologien wie dem gleich noch ausführlicher dargestellten MapReduce- oder Hadoop-Konzept, die große Mengen an mehr oder weniger strukturierten Rohdaten parallel als Streams verarbeiten.

Der Begriff Big Data umschreibt somit zunächst nur die automatisierte Sammlung und Verwertung umfangreicher Mengen an unstrukturierten bzw. teilweise strukturierten elektronischen Daten. Gerade diese unstrukturierten Daten machen heute mindestens 80 Prozent der Unternehmensdaten aus. Zu ihnen gehören die vielen reinen Text- oder Tabellen-Dateien, aber auch Zustandsmessungen wie Temperatur, Luftdruck, Helligkeit, Gasdichte etc. Alleine ein einziger Transatlantikflug mit einer Boeing 777 erzeugt bereits ca. 30 Terabyte an Flugdaten, deren Auswertung Erkenntnisse über technische und wirtschaftliche Abläufe erlaubt.

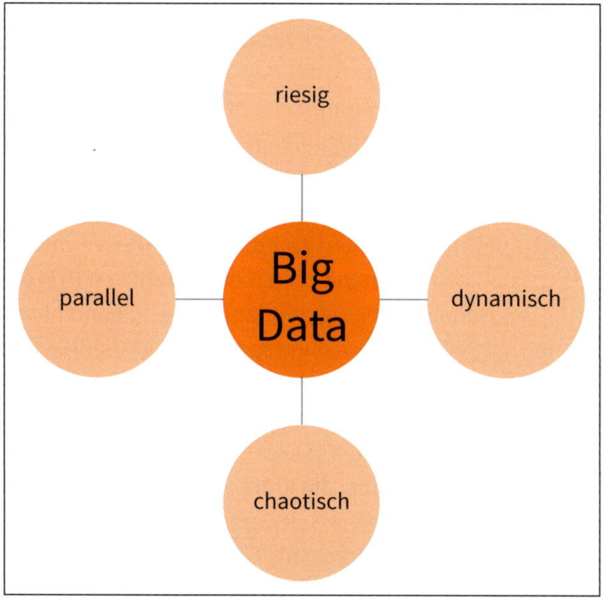

Abb. 2.10: Big Data

Die Abbildung 2.10 listet die vier zentralen Faktoren von Big Data auf: Schon der Name Big Data verrät, dass es sich um riesige Datenvolumen handelt, die hier verarbeitet werden. Diese Daten fallen in einer stetig wachsenden, dynamischen Geschwindigkeit und in einer chaotischen Struktur an, also mit einer extremen Bandbreite von unstrukturierten oder teilweise strukturierten Daten aus unterschiedlichsten heterogenen Datenquellen. Der Begriff Parallelität verweist auf die Tatsache, dass die Rohdaten nicht mehr in eine zentrale Datenbank kopiert und verdichtet, sondern gleichzeitig auf vielen Prozessoren anfallen und dort parallel verarbeitet werden.

Hintergrund

Die drei Vs der Gartner Gruppe

Diese vier Big-Data-Faktoren orientieren sich an den berühmten drei Vs der Gartner Gruppe und ihrer Definition: »Big data is high volume, high velocity, and/or high variety information assets that require new forms of processing to enable enhanced decision making, insight discovery and process optimization« (Quelle: www.gartner.com).

In diesen unstrukturierten Daten liegen erhebliche Potenziale für die Wettbewerbsfähigkeit von Organisationen im Sinne der noch folgenden Digitalisierungsstrategien. Es geht erneut um das Entdecken von reproduzierbaren Verhaltens- oder Geschäftsmustern wie Verschwendungen, Kundenanforderungen, Preiselastizitäten oder Produktivität sowie zur Identifikation vom sicherheits- bzw. risikorelevanter Vorgänge zwecks Minimierung von Schwachstellen oder gar Haftungsgründen.

Praxis

Gerade die mehr oder weniger unstrukturierten Daten wachsen in Unternehmen exponentiell, wie weiter oben kurz am Beispiel eines Transatlantikfluges skizziert. So erfassen Sensoren in Maschinen Betriebsabläufe, Temperaturen, Vibrationen, Gewichte, Helligkeit oder den Stromverbrauch. Wir Menschen produzieren fortlaufend neue Informationen als Nutzer sozialer Netzwerke wie Facebook, Twitter und WhatsApp, aber auch mittels unserer PowerPoint-Präsentationen, E-Mails, Telefongespräche, Videos, Bilder aus Überwachungskameras, Suchanfragen bei Google, Cloud Computing, GPS-Daten der PKWs oder Smartphones.

Die Menge an elektronischen Daten, die erstellt, vervielfältigt und konsumiert werden, lag in 2016 laut der Statista GmbH (www.statista.com) bei 16,1 Zettabyte und soll in 2025 bei mindestens 164 Zettabyte liegen. Ein Zettabyte bedeutet ein Volumen von 1.000 Exabyte bzw. 1.000.000 Petabyte, 1.000.000.000 Terabyte oder 1.000.000.000.000 Gigabyte. Aber die Skalierung geht noch größer: Man redet bereits über Yottabyte, was 1.000 Zettabyte entspricht.

Der enorme Umfang an elektronischen Daten, der Big Data seinen Namen verlieh, wächst und wächst und kann heute gar nicht mehr in relationale Datenbanken hineinkopiert, geladen und dort analysiert werden. Neue Technologien wie MapReduce und Hadoop parallelisieren die Verteilung und Bearbeitung der Daten auf mehrere gleichzeitig auszuführende Aufgaben mittels unterschiedlicher Prozessoren oder Rechner.

MapReduce wurde ursprünglich von Google entwickelt, um Internetseiten zu indexieren. Das Verfahren erlaubt den parallelen Betrieb einer Vielzahl von Prozessoren zur Datensammlung und -analyse und kann heute auf normalen Computern ohne spezielle High-End-Server ausgeführt werden. So ist das Verfahren kostengünstig, gleichzeitig hoch performant und einfach skalierbar.

Für das MapReduce-Konzept existieren mehrere Implementierungen, wobei die größte Verbreitung die Software Hadoop der Apache Software Foundation hat. Dieses Software-Framework ist als Quellcode frei verfügbar und auf unterschiedlichster Hardware betreibbar.

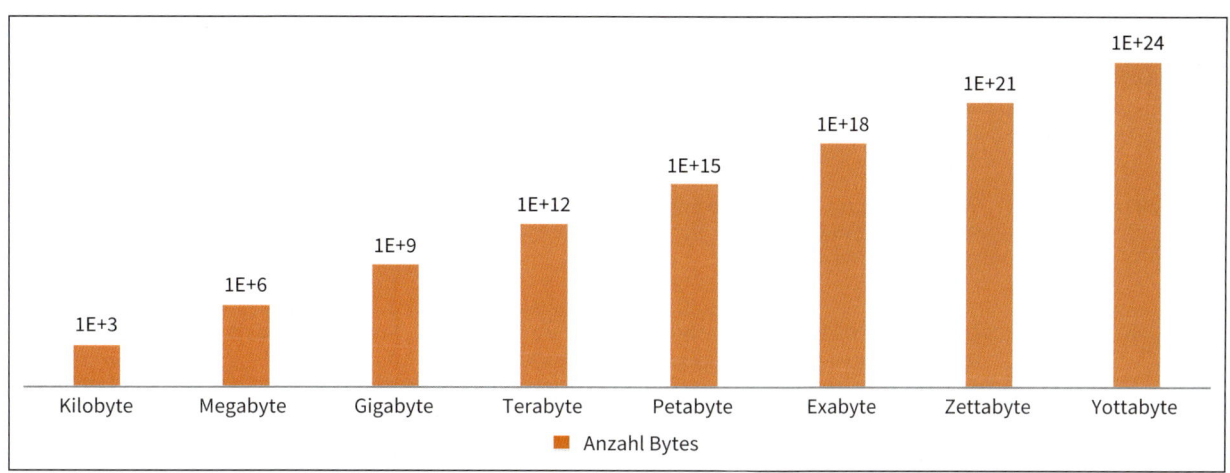

Abb. 2.11: Entwicklung des Datenvolumens

Die Möglichkeiten, Big Data in Organisationen anzuwenden sind vielfältig und extrem facettenreich. Egal ob in der Wirtschaft, Landwirtschaft, bei Airlines, im Gesundheitswesen oder im Militär – überall hilft Big Data beim Entdecken von reproduzierbaren Verhaltens- oder Geschäftsmustern. Die Abbildung 2.12 verdeutlicht einige Einsatzmöglichkeiten von Big Data für Unternehmen. Die Abbildung 2.12 strukturiert sich nach den beiden zentralen Vorteilen aus der Verarbeitung riesiger unstrukturierter Datenmengen: dem Monitoring (»Was passiert gerade?«) und der Simulation (»Was kann passieren?«). Es geht also um die (Ex-post-)Analyse und um die (Ex-ante-)Vorhersage aus den vielen Daten, die einem dank Big Data vorliegen. So prüft das Monitoring die aktuell verfügbaren Daten auf neue Trends oder besondere Ereignisse wie beispielsweise neue Kaufgewohnheiten der Konsumenten, Engpässe in der Produktion oder Missbräuche im Rahmen der Compliance. Die Simulation spielt zukünftige Ereig-

Anwendungsgebiet	Monitoring	Simulation
Produktmanagement	Market Pull: Veränderung von Konsumentengewohnheiten Technology Push: Trends in neuen Technologien (Medizintechnik, Digitalisierung u.v.a.)	Rapid Protoyping Predictive Maintenance: Vorhersage von Wartungsterminen und -Intervallen
Produktion	Verschwendung: Analyse von Engpässen, Ausschüssen, Rüstzeiten, Kostentreibern Qualitätsmanagement	Produktionsplanung: Prozesse und Strukturen Tourenmanagement
Finanzen	Compliance: Diebstahl, Bestechung, Korruption Risikomanagement: Abhängigkeiten, Gefahren, Verluste	Predictive: »Was wird passieren?« Prescriptive: »Was sollte passieren?«

Abb. 2.12: Big-Data-Anwendungen

nisse durch wie beispielsweise, wann eine Maschine eine Wartung benötigt, welche Produktionsabläufe am besten für einen bestimmten Auftrag geeignet sind oder wie hoch die Liquidität in der Zukunft sein muss.

Konsequenz

Big Data bietet Organisationen die Möglichkeit, viel mehr als bisher über ihre Kunden, Lieferanten, Mitarbeiter sowie alle weiteren Stakeholder zu erfahren, ebenso wie ihre Prozesse mit allen Ineffizienzen, Gefahren sowie Potenzialen besser zu verstehen. Nach dem Motto »Wissen ist Macht« gilt es, unstrukturierte Rohdaten in echtes Wissen zu wandeln, um dann Maßnahmen daraus abzuleiten.

Aber es gibt auch eine zweite, kritische Seite zu Big Data: Was geschieht mit all den Daten? Wer hat Zugriff auf diese Daten, und für wie lange? Stimmen die Daten oder handelt es sich um »Fake Data«? Im Zusammenhang mit der operativen Exzellenz einer Organisation wird später noch auf den Informations- und Datenschutz eingegangen, doch gilt es, auch an dieser Stelle ein Ausrufezeichen zu setzen im Hinblick auf die gebotene Vorsicht im Umgang mit der Datenqualität sowie den Schutz der Privatsphäre. Aber das ist gar nicht so einfach, da wir selbst viele Daten über uns produzieren und – ohne weitere Vorsicht – verteilen.

Den Marketingexperten ermöglichen die von uns im Internet hinterlassenen Daten eine ziemlich genaue Beschreibung unserer Präferenzen, Gewohnheiten und Bedürfnisse. Im Rahmen des sogenannten psychometrischen Targetings werden psychographische Modelle über Privatpersonen erstellt wie beispielsweise das DISC-Modell (**D**ominance, **I**nfluence, **S**teadiness, **C**onscientiousness) oder das MBTI-Modell (Myers-Briggs-Typenindikator). Sie erlauben den Unternehmen eine persönlichere Kundenbetreuung und -beratung. Hat ein Kunde etwa eine hohe Affinität für Stabilität, dann heben Unternehmen ihm gegenüber die gute Verarbeitung ihrer Produkte und lange Garantien vor. Bevorzugt der Kunde jedoch technische Kompetenz, dann werden die technischen Möglichkeiten und Innovationen aufgeführt. Extrem wurde das psychometrische Targeting während der Wahl des letzten US-amerikanischen Präsidenten eingesetzt. Die britische Big-Data-Firma Cambridge Analytica hat Facebook-Profile anhand ihres psychographischen Models OCEAN (Offenheit, Gewissenhaftigkeit, Extraversion, Verträglichkeit und Neurotizismus) auf ihre Persönlichkeitsdimensionen geprüft und korrespondierende individuelle Wahlaussagen unterbreitet (siehe: https://theoutline.com/post/969/did-trump-win-psychometrics-data-cambridge).

Die Sammlung und Verarbeitung vieler Daten ist nicht nur die Basis für das Entdecken von reproduzierbaren Verhaltens- oder Geschäftsmustern. Big Data ist auch die Basis für die Potenziale der Künstlichen Intelligenz, denn ohne große Datenvolumen, MapReduce-/Hadoop-Technologien etc. wäre die Entwicklung menschenähnlicher Intelligenz unmöglich. Big Data ist vielmehr der Ausgangspunkt aller digitalen Entscheidungen.

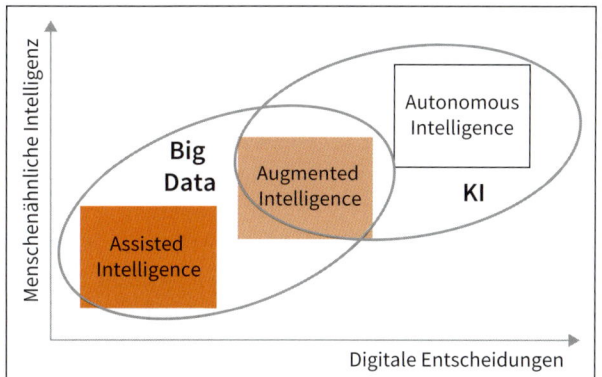

Abb. 2.13: Stufen der Digitalen Intelligenz

Die Abbildung 2.13 verdeutlicht diese Stufen der Digitalen Intelligenz. Während Big-Data-Systeme mit ihrer unterstützenden Intelligenz (engl.: assisted) primär eher informativ sind, uns also aus dem enormen Datenumfang Hintergründe, Erkenntnisse und Entscheidungsvorlagen generieren, ermöglichen digitale Systeme mit einer erweiterten (engl.: augmented) und vor allem einer autonomen (engl.: autonomous) Intelligenz ein selbstständiges Sammeln, Auswerten und Entscheiden der digitalen Systeme. Der Mensch ist bei diesen Tätigkeiten nur noch »Nutznießer« der Entscheidungen. Die erweiterte Intelligenz entspricht der im folgenden Unterkapitel dargestellten schwachen Künstlichen Intelligenz, die autonome Intelligenz der starken Künstlichen Intelligenz.

2.2.2 Künstliche Intelligenz

Definition

Unter dem Begriff der »Künstlichen Intelligenz« (KI, engl.: Artificial Intelligence, AI) versteht die Informatik die Entwicklung von Computern, Maschinen und Prozessoren mit der Fähigkeit zu automatisiertem menschlichen Denken, menschlicher Kreativität und somit menschlicher Entscheidungsfähigkeit. Mehr und mehr sollen »Maschi-

nen als Menschen« (re-)agieren und sich entsprechend verhalten. Der Begriff Artificial Intelligence (AI) wurde erstmals vom Informatiker John McCarthy im Jahre 1956 im Rahmen einer zweimonatigen Konferenz am amerikanischen Dartmouth College geprägt und führt schon seit Jahren zu manch euphorischen, aber auch beängstigenden Zukunftsszenarien.

Die Künstliche Intelligenz lässt sich in zwei unterschiedliche Intensitätsgrade einteilen: Einerseits die sogenannte starke KI, die auf die komplette Nachbildung menschlicher Intelligenz und menschlichen Denkens fo-

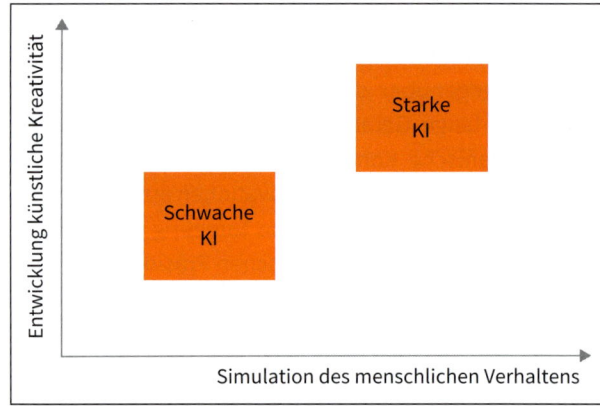

Abb. 2.14: Starke und schwache Künstliche Intelligenz

kussiert, und die schwache KI, die (lediglich) konkrete Probleme analog des menschlichen Denkens angehen möchte.

Während die starke Intelligenz auch heute noch eher einer Zukunftsvision entspricht, hält die schwache Künstliche Intelligenz mehr und mehr Einzug in unseren Alltag.

Praxis

Bereits heute erleben wir vielerorts die schwache Künstliche Intelligenz, in der konkrete menschliche Teilaufgaben und Probleme von Computern durch eine einfache Simulation gelöst werden. Wenn Google Maps uns voraussagt, welche Fahrstrecke zu welchem Zeitpunkt am besten ist, Amazons Alexa basierend auf unseren unstrukturierten Sprachbefehlen sinnvolle Antworten gibt oder Roboter selbstständig über unebenes Gelände laufen können, dann geschieht dies auch dank Simulationen und hochkomplexer Algorithmen. Dabei analysieren Prozessoren – auch im Rahmen des bereits erwähnten Big Data sowie moderner Expertsysteme – die Vielzahl elektronischer Daten und beurteilen selbstständig die Relevanz einzelner Daten, ihren Kontext und die kausalen Zusammenhänge und sammeln Erkenntnisse aus komplexen Mustererkennungen. Die Prozessoren sind in der Lage, auf der Grundlage formalisierten Fachwissens logi-

sche Antworten zu liefern, sodass beispielsweise Krankheiten diagnostiziert oder Fehler in technischen Systemen gefunden werden können. Die schwache Künstliche Intelligenz erlaubt ferner bereits eine Art »Erfahrungslernen«, bei dem Computer – wie wir Menschen – aus Sachverhalten und Mustern neue Erkenntnisse ziehen. Man bezeichnet dieses Lernen als »maschinelles Lernen« (engl.: Machine Learning).

Alexas Sprachkommunikation zählt zur sprachlichen Künstlichen Intelligenz. Sprache kann erkannt (Spracherkennung) oder umgekehrt Text in Sprache umgewandelt werden (Sprachsynthese). Dabei bedarf es heute keiner exakten Sprachbefehle mehr. Die schwache Künstliche Intelligenz kann selbst mittels semantischer Analyse Wörtern und Texten Muster und Bedeutungen beimessen. Weitere Beispielsysteme zur sprachlichen Mustererkennung sind Apples Siri, Microsoft Cortana oder Amelia von IP Soft. Alleine die Namen dieser Spracherkennungssysteme und intelligenten Assistenten lassen sie uns menschlich nahe, ja fast schon freundschaftlich und vertraut erscheinen. Auch wenn ihre Reaktion für uns unsichtbar bleibt und wir sie zum Teil nur als Stimme, also als Sprachausgabe, vernehmen, zum Teil aber auch als Lösung oder Aktion, geben die technischen Systeme uns das Gefühl, mit einer »Mensch gewordenen« Maschine zu interagieren, mit einer Stimme, die oft smart, weich und natürlich klingt. Und die uns dazu animiert, weiter mit ihr zu interagieren und dabei die Hemmschwelle in der direkten verbalen und nonverbalen Interaktion, wie wir sie von Mensch zu Mensch gewohnt sind, weiter abzubauen.

Neben der sprachlichen Intelligenz zählt die visuelle Intelligenz zur schwachen Künstlichen Intelligenz. Diese kann Bilder beziehungsweise Formen erkennen und ana-lysieren wie beispielsweise bei der Erkennung von Hand-schriften oder die Identifikation von Personen durch Ge-sichtserkennung oder Fingerabdrücke. Die Künstliche Intelligenz kann zudem strukturierte und unstrukturierte Daten aus Datenbanken, der Cloud oder direkt von Sen-soren und Maschinen erfassen.

Die starke Künstliche Intelligenz zielt noch intensiver auf die Simulation des menschlichen Denkens mit eige-ner Kreativität und Entscheidungsbefähigung, ohne aller-dings eigene Emotionen zu haben. Jedoch können Emo-tionen wie Liebe, Freude, Angst und Hass im Verhalten simuliert werden. Erste Beispiele für die starke Künstliche Intelligenz sind das IBM-Programm Deep Blue, das im Mai 1997 den damaligen Schachweltmeister Garri Kasparow besiegte, das aktuelle IBM-Programm Watson, das bereits 2011 in der US-Quizsendung Jeopardy! ein Preisgeld von mehr als einer Million Dollar gewann, oder Google Deep-Mind, das mit seinem Programm AlphaGo im Oktober 2015 den mehrfachen Europameister Fan Hui im Brett-spiel Go besiegte. Google hat 2017 zudem mit seiner eige-nen KI-Forschungseinheit eine starke Künstliche Intelli-genz geschaffen, die in der Lage ist, sich dank einem von der Künstlichen Intelligenz selbst erschaffenen, abhörsi-cheren Algorithmus gegen Angriffe von menschlichen Ha-ckern oder und Computer-Bots zu schützen.

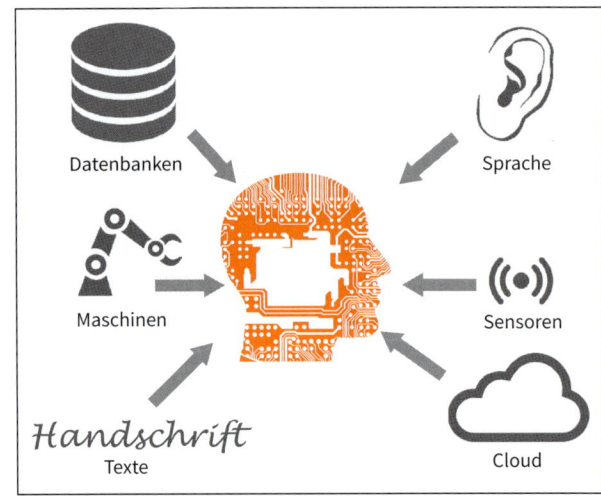

Abb. 2.15: Mustererkennung und -analyse

Konsequenz

Die Künstliche Intelligenz kann uns Menschen zukünftig immer mehr Routineaufgaben abnehmen. Wir sprechen an späterer Stelle noch von dem Megatrend der »Projektifizierung«, demzufolge zukünftige Arbeitsplätze weniger durch Routineaufgaben, sondern vermehrt durch Projektaufgaben gekennzeichnet sind (siehe Kapitel 4.3.1). Dies wird Konsequenzen für eine Vielzahl von Branchen und Berufsbildern haben. So können medizinische Diagnoseverfahren automatisiert werden und schneller zu Ergebnissen im Hinblick auf mögliche Therapieansätze führen. Die Aufgabe und Rolle eines Allgemeinmediziners wechselt dann von der Diagnosestellung hin zu einer stärkeren Begleitung des Patienten in der Therapiephase oder zu vorbeugenden Tätigkeiten als Health-Coach. Bei der Analyse von Aktienmärkten kann die Künstliche Intelligenz mögliche Kursentwicklungen mit ihren Chancen und Risiken bewerten oder in den Bereichen Compliance, Fraud-Management und Kreditkartenbetrug Unregelmäßigkeiten frühzeitig erkennen.

Vor allem verändert die Künstliche Intelligenz immer mehr das Verhalten von Menschen gegenüber Maschinen. Intelligente Sprach- und Texterkennungssysteme und autonome Systeme (wie in PKWs oder Zügen) wandeln sich immer mehr von Hilfssystemen zu Systemen mit eigenen Entscheidungen. Hier werden sich für uns künftig noch mannigfache ethische, soziale und philosophische Herausforderungen ergeben.

2.2.3 Robotik

Definition

Die Robotik oder Robotertechnik betrachtet die Entwicklung und Steuerung von Robotern, die auf Basis von Sensoren, Antriebselementen (sogenannte Aktoren), der Datensammlung und -analyse bis hin zur Künstlichen Intelligenz ein Zusammenarbeiten von Roboter-Elektronik und Roboter-Mechanik realisiert. Der bekannte Science-Fiction-Autor Isaac Asimov erfand und prägte den Begriff der Robotik. Für ihn war dies das Studium der Roboter. Bei Robotern selbst handelt es sich um ferngelenkte, semi-autonome oder sogar gänzlich autonome Systeme, die dem Schutz von Menschen und der Automatisierung dienen.

Praxis

Heute unterscheidet man unterschiedliche Arten von Robotern, je nach ihrem Einsatzgebiet und ihrer Komplexität. Dazu zählen Haushaltsroboter, Industrieroboter, Serviceroboter, Forschungsroboter, Unterhaltungsroboter und Militärroboter. Roboter zeigen sich in Form immobiler, aber auch mobiler Maschinen bis hin zu Land-, Wasser- und Luft-Drohnen.

Neben »klassischen« Robotern existieren Roboter als reine Computerprogramme ohne physische Artefakte. Diese sogenannten »Bots« (abgeleitet vom englischen »robot«, also Roboter) können ohne menschliche Eingriffe sich wiederholende Aufgaben automatisch abarbeiten. Bekannt wurden die Bots von Suchmaschinen, die Internetseiten nach neuen Inhalten absuchen. In sozialen Medien wie Twitter dienen Bots zum Absenden automatischer Antworten beispielsweise als Reaktion auf bestimmte Hashtags. Bösartige Bots identifizieren hingegen

Anwendungsgebiet	Beschreibung	Beispiele
Haushaltsroboter	Erbringung von einfachen Dienstleistungen für Menschen	• Staubsauger oder Rasenmäher • Fensterputzen
Industrieroboter	Übernahme industrieller oder handwerklicher Vorgänge, Einsatz in unzumutbaren oder gefährlichen Umgebungen	• Fahrzeugproduktion • Bergbau • Kampfmittelräumdienst
Serviceroboter	Erbringung von komplexeren Dienstleistungen für und am Menschen	• Treppenlift, Behinderten-Rollstuhl • Transportdrohnen
Forschungsroboter	Erkundung von Krankheiten, Katastrophen oder des Weltraums	• Medizinische Sonden • Weltraumsonden
Unterhaltungsroboter	Mehr oder weniger komplexe elektronische Spielzeuge für Kinder und Erwachsene	• Roboter-Hund Aibo von Sony • Roboter-Fußballspiele
Militärroboter	Entwickelt für den militärischen Einsatz	• Unbemannte Bodenfahrzeuge • Fliegende, autonome Kampfdrohnen

Abb. 2.16: Aspekte der Robotik

unautorisiert E-Mail-Adressen für Werbezwecke, spionieren Softwarelücken von Servern aus oder dienen der politischen Propaganda.

Konsequenz

Je nach ihrem Einsatzgebiet ergeben sich für Roboter unterschiedliche Anforderungen und Sicherheitsrichtlinien. So existieren beispielsweise gesetzlich vorgeschriebene Sicherheitsvorkehrungen für Industrieroboter wie die Absicherung durch Gitter, Käfige oder andere Barrieren. Bisher hat es sich allerdings als schwierig erwiesen, universelle Sicherheitsregeln für die unterschiedlichsten Einsatzmöglichkeiten von Robotern aufzustellen.

Ein Fehlverhalten eines Roboters führt zu diversen Haftungsfragen. Diese reichen von der vertraglichen Pflichtverletzung (gemäß § 280 BGB), dem Deliktsrecht gegenüber fremden Dritten (gemäß § 823 BGB), dem Produkthaftungsgesetz bis hin zum Schadensersatz (gemäß § 249 BGB). Spannend wird zukünftig noch mehr die Frage, wer für die von einem Roboter auf Basis von Künstlicher Intelligenz gefällte Entscheidung haftet – wie beispielsweise bei einem durch ein autonom fahrendes Fahrzeug (PKW = Roboter) bewusst verursachten Unfall zur Vermeidung eines noch größeren Unfalls.

2.2.4 Digitale Realität

Definition

Unter dem Sammelbegriff »Digitale Realität« gruppieren wir drei unterschiedliche Formen der mehr oder weniger virtuellen Realität, wie sie aufgrund der Digitalisierung möglich wird: die »Augmented«, »Mixed« sowie »Virtual« Reality.

Je nach Art der Digitalen Realität wächst die Anzahl der für den Anwender verfügbaren Informationen und die natürliche Wahrnehmung wird entweder ergänzt oder

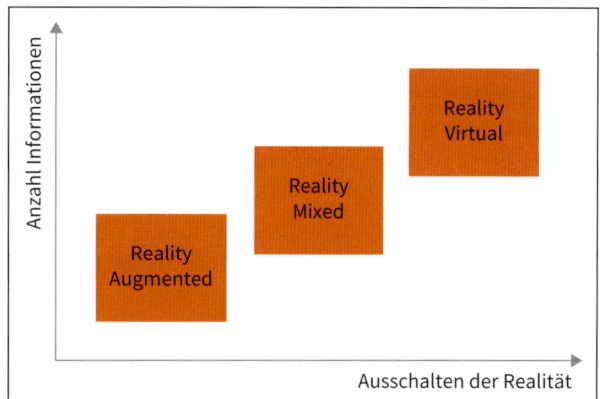

Abb. 2.17: Stufen der Digitalen Realität

komplett ausgeschaltet. Als »**Augmented Reality**« bzw. »erweiterte Realität« (kurz: AR) bezeichnet man die computergestützte Ergänzung der Realität durch Informationen beispielsweise mittels einer Datenbrille, in welcher dem Nutzer für seine Tätigkeit sinnvolle Zusatzinformationen eingeblendet werden. Die Brille selbst ähnelt normalen Brillen, hat aber die Möglichkeit, diese Zusatzinformationen in die Gläser zu integrieren. Neben der Darstellung weiterer Informationen können manche dieser Brillen auch Barcodes scannen bzw. Sprachnachrichten des Anwenders erfassen. Dann hat der Nutzer nicht nur seine Hände frei, um weitere Informationen zu verarbeiten, sondern er ist in Echtzeit komplett mit seinem computergesteuerten Steuerungssystem verbunden.

Die »**Mixed Reality**« bzw. »gemischte Realität« (kurz: MR) geht noch weiter. Hier wird die natürliche Umgebung des Nutzers mit einer künstlichen, computererzeugten Wahrnehmung vermischt. So kann die Abbildung einer realen Person aus einem anderen Raum per Computerleistung in Echtzeit über eine Datenleitung in die Wahrnehmung des Benutzers eingeblendet oder ein computersimuliertes Spiel in einen realen Raum integriert werden. Als Übertragungsmedien dienen bei der gemischten Realität aufwendigere Datenbrillen wie Microsofts Hololens. Diese ähnelt einem durchsichtigen Helmvisier und erlaubt

sowohl die Wahrnehmung der realen Umwelt zuzüglich einer computererzeugten, virtuellen Welt.

Die »**Virtual Reality**« oder »virtuelle Realität« (kurz: VR) schaltet die optische Realität des Benutzers weitestgehend aus. Er sieht nur noch jene Inhalte, die ihm durch eine VR-Datenbrille (bzw. sogenannte »Head-Mounted Displays, kurz: HMD) suggeriert werden und taucht quasi in eine virtuelle Welt ein. Dieses »Eintauchen« in eine virtuelle Welt bezeichnet man als »Immersion«, bei welcher das Bewusstsein des Nutzers illusorischen Stimuli ausgesetzt wird, sodass er die virtuelle Umgebung als real empfindet. Ist die Immersion besonders hoch, wird auch von »Präsenz« gesprochen, bei der teilweise ein Verlust der Wahrnehmung der realen Umgebung stattfindet.

Praxis

Vielfältige Anwendungen sind für die erweiterte Realität denkbar bzw. bereits im Einsatz. In Logistikzentren erhalten die Mitarbeiter per Datenbrillen Informationen zu den zu transportierenden Artikeln wie Navigation, Standort, Mengen und Spezifikationen, Monteuren werden die nächsten Arbeitsschritte direkt in ihr Sichtfeld eingeblendet und Sanitäter können sich Gefahrenzonen und Rettungsalternativen anzeigen lassen. In der Medizin erlaubt die erweiterte Realität dem Operateur einen »Röntgenblick« basierend auf vorherigen Bilddaten von Ultraschallgeräten oder offenen Kernspintomografen. Doch nicht immer sind Datenbrillen zur Erzeugung einer erweiterten Realität notwendig: Head-up-Displays geben beispielsweise Navigationshinweise auf der Windschutzscheibe von Fahrzeugen und erweitern damit die Realität des Fahrers. Bei Fußballübertragungen werden im Fernsehen schon heute regelmäßig Entfernungen bei Freistößen mithilfe eines Kreises oder einer Linie zum Nutzen für die Zuschauer eingespielt. Ähnliche Entfernungsangaben gibt es bei TV-Übertragungen von Skispringen oder Weitwurf-Wettbewerben.

So mancher sammelt seine ersten Erfahrungen mit der virtuellen Realität in Computerspielen, bei denen man beispielsweise Gegner mit der VR-Brille anvisieren und mit einem Gamepad etc. feuern kann. Generell zeigt der Unterhaltungsmarkt diverse Einsatzmöglichkeiten für die VR-Brille: von Flugsimulatoren für die Freizeit, Fitnessgeräten mit VR-Unterstützung oder Achterbahnen, bei denen die Teilnehmer dank einer VR-Brille ganz neue Erfahrungen machen können.

Doch die virtuelle Realität hat schon längst auch andere Industrien und Branchen erreicht: Virtuelle Trainings dienen beispielsweise Monteuren zur Vorbereitung von Wartungstätigkeiten, Medizinern zum Erlernen neuer Operationstechniken oder zur Vorbereitung eines operativen Eingriffs. Dabei entstehen mehrere Vorteile: Mit ihren Interaktionsmöglichkeiten und räumlichen Erlebniswelten können in solchen Trainings erklärungsbedürftige Inhalte und Zusammenhänge oft noch anschaulicher als bisher vermittelt werden. Für Gefahrensituationen wie eine Operation oder ein Noteinsatz ist es zudem oft schwierig, den Übungsinhalt für Trainingszwecke nachzustellen. Nicht so beim virtuellen Training, bei dem alle möglichen Situationen und Konsequenzen darstellbar sind. Gleichzeitig können Kosten reduziert werden. Mitarbeiter, die große und komplexe Maschinen bedienen, müssen nicht mehr direkt an diesen geschult werden, sondern können an einem virtuellen Abbild üben.

Neben Trainings eröffnet die virtuelle Realität neue Möglichkeiten im Vertrieb und Marketing: Virtuelle Geschäftsstellen (Showrooms) bieten einen digitalen Raum für den Kundenkontakt und eine emotionale, interaktive Präsentation von Produkten. In Kombination mit einem virtuellen Produktkonfigurator entsteht die Möglichkeit der erlebten Individualisierung, während 360°-Werbefilme besonders intensiv die Gefühlswelt eines Kunden ansprechen.

Ein weiterer Anwendungszweck für die virtuelle Realität ist die Planung und Simulation neuer Baupläne für

Maschinen, Gebäude, chemische Lösungen oder neue Verfahren in der Materialwirtschaft und Produktion. Dabei können nicht nur Kosten gespart und Zeitvorteile genutzt werden, die virtuelle Realität unterstützt auch die Möglichkeit der Herstellung von Prototypen im Sinne der noch folgenden agilen Managementmethoden. Hier geht es um kurzfristig erstellte Artefakte, die schon in frühen Stadien mit Kunden besprochen und evaluiert werden können, um in fortlaufenden Iterationen und Feedback-Schleifen immer näher an reale Kundenwünsche und zu neuen Geschäftsmodellen zu kommen.

Konsequenz

Die Digitale Realität lebt aber nicht nur von optischen Medien wie einer einfachen Daten-Brille oder einem Head-Mounted-Display. Vielmehr werden bereits einige Brillen um Eingabemöglichkeiten ergänzt. Googles AR-Produkt Google Glass ist eine Brille mit Mikrodisplay und Kamera, die über Spracheingabe bedient werden kann. Microsofts MR-Produkt Holoens lässt sich mithilfe von Sprache, Bewegungen und Gesten steuern, wobei die Gesten für manchen gewöhnungsbedürftig sind. Mit ihren Möglichkeiten zur Ein- und Ausgabe haben diese Geräte das Potenzial, in Zukunft klassische Computer, Tablets und Smartphones zu verdrängen. Denn wer benötigt noch ein Smartphone, wenn er mit einer Hololens E-Mails lesen und schreiben, telefonieren, im Internet recherchieren und weitere Anwendungen steuern kann?

Doch Achtung: Begibt man sich in die virtuelle Realität, so birgt die Immersion, also das Eintauchen in diese Realität, Risiken. Sie kann zu temporären Erkrankungen führen, die der Seekrankheit ähneln und Motion Sickness, VR-Krankheit oder Simulator-Krankheit genannt werden. Bekannt sind diese unangenehmen Nebenwirkungen beispielsweise bei der Nutzung von Flugsimulatoren mit Schwindelgefühlen, Übelkeit, Erbrechen, Schweißausbrüchen, Kopfschmerzen oder Orientierungsschwierigkeiten. Sie resultieren aus dem Dilemma, dass das Gehirn zwar eine Bewegung visuell wahrnimmt, aber nicht das Innenohr, welches für die Registrierung körperlicher Bewegungen zuständig ist. Unser Gehirn kommt dann zu der Überzeugung, man sei vergiftet oder man halluziniere, und leitet entsprechende Warn- und Gegenmaßnahmen ein.

2.3 Technologien

Mehrere moderne Technologien verdienen es, an dieser Stelle explizit genannt und erläutert zu werden. Hierzu zählt die additive Fertigung, bekannt als 3-D-Druck, die Blockchain-Technologie sowie die Quanten-Technologie.

2.3.1 Additive Fertigung bzw. 3-D-Druck

Definition

Die additive Fertigung (engl.: Additive Manufacturing) ist der Prozess der schichtweisen Erstellung eines dreidimensionalen Bauteils auf Basis von digitalen 3-D-Konstruktionsdaten und einem 3-D-Drucker. Daher wird dieses Fertigungsverfahren umgangssprachlich gerne als 3-D-Druck bezeichnet.

Dabei existieren mindestens zwei verschiedene Gruppen von 3-D-Herstellungsverfahren: Vergleichbar mit einem Tintenstrahldrucker wird bei der älteren und günstigeren Verfahrensgruppe vorwiegend »Plastiktinte« auf einen Untergrund gedruckt. Bekannte Verfahren dieser Gruppe sind das Selective Laser Sintering (kurz: SLS) sowie die heute überwiegend verbreitete Methode des Fused Deposition Modelling (kurz: FDM). Schicht für Schicht fließt die »Tinte«, damit am Ende das dreidimensionale Kunststoff-Bauteil entsteht. Als Plastiktinte dienen Polymere wie Acrylnitril-Butadien-Styrol (kurz: ABS), Polylactid (kurz: PLA) oder Polyamid.

Ähnlich dem Prinzip des Siebdrucks existieren in der Zwischenzeit modernere 3-D-Herstellungsverfahren. Beim sogenannten Binder Jetting werden beispielsweise Polymertröpfchen, beim Material Jetting gar mineralische Pulver als dünne Schicht auf die gesamte Druckfläche aufgetragen. Ein starker Laserstrahl schmilzt das Pulver exakt an den Stellen auf, wo laut der 3-D-Konstruktionsdaten eine Schicht des zukünftigen Bauteils entstehen soll. Im Anschluss senkt sich die Druckfläche ab und es erfolgt ein weiterer Pulverauftrag. Der Werkstoff wird erneut aufgeschmolzen und verbindet sich an den definierten Stellen mit der darunterliegenden Schicht. Die übrigen, nicht per Laser verfestigten Pulverrückstände werden wieder abgesaugt, sodass am Ende des Vorgangs das gewünschte Bauteil übrig bleibt.

Der 3-D-Druck gewährt ein hohes Maß an Designfreiheit und Funktionsoptimierung. Anstatt ein Bauteil aus einem festen Block herauszufräsen, ermöglicht die additive Fertigung aufgrund ihrer schichtweisen Vorgehensweise die Erstellung komplexer Strukturen, neuer Architekturen und bisher nicht realisierbarer Hohlräume.

Weiter erlaubt der 3-D-Druck das Herstellen kleiner Losgrößen zu angemessenen Stückkosten bzw. eine starke Individualisierung von Produkten in der Serienfertigung. Und in der Zwischenzeit können auch die unterschiedlichsten Materialen verarbeitet werden: von Plastik, Metall, Keramik und Nylon bis hin zu essbaren Materialien.

Praxis

Ursprünglich diente das additive Fertigungsverfahren der schnellen und einfachen Herstellung von Prototypen und Kleinserien. So unterstützt der 3-D-Druck auch das agile Protoyping, das an späterer Stelle (siehe Kapitel 3.1.2) beschrieben wird. Mittlerweile aber gilt 3-D-Druck als etablierte Fertigungstechnik für die verschiedensten Anwendungen und als Wettbewerbsvorteil in den unterschiedlichsten Branchen.

In der Automobilbranche werden beispielsweise heute schon diverse Einzel- und Ersatzteile bzw. ganze PKWs per 3-D-Drucker hergestellt. So produziert das US-amerikanische Start-up Local Motors seit 2014 unter dem Namen »Strati« den ersten vollständig in additiven Fertigung hergestellten PKW sowie seit 2016 unter dem Namen »Olli« den ersten 3-D-Minibus.

In der Architektur werden schon länger 3-D-Drucker zum Bau von Modellen verwendet. In der Zwischenzeit werden sogar schon ganze Häuser in nur 24 Stunden Bauzeit additiv erstellt oder auch Brücken wie in Amsterdam eine Metallbrücke und in Spanien eine Betonbrücke.

In der Medizin gelten Prothesen und Zahnersatz schon länger zu den Erzeugnissen aus dem 3-D-Drucker mit den beiden Vorteilen des individuellen Maßschneiderns sowie der Vor-Ort-Produktion (also beispielsweise direkt beim Zahnarzt). Neu sind hingegen der Einsatz von Bio-Tinte zur Erzeugung menschlicher Organe. So wurde bereits 1999 eine menschliche Leber mithilfe eines 3-D-Druckers hergestellt, während heute mindestens an der 3-D-Fertigung von Ohren und Herzen geforscht wird.

Konsequenz

Bald gibt es keinen Gegenstand mehr, den man nicht auch additiv herstellen kann. So werden heute Kleider, Nahrungsmittel, aber auch Waffen aus dem 3-D-Drucker erzeugt. Der Einsatz der additiven Fertigung bietet den Anwendern dabei signifikante Wettbewerbsvorteile: Diese reichen von enormen Kostensenkungen, der Individualisierung im Rahmen der Mass Customisation bis zur Entwicklung völlig neuer Strukturen, wie sie herkömmliche Herstellungsverfahren nicht erlaubten.

Mittels 3-D-Druck können Hersteller auf einen Schlag beide Wettbewerbsstrategien – die in Kapitel 3 charakte-

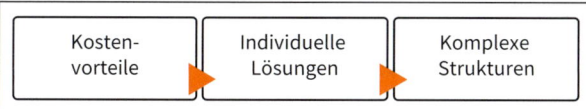

Abb. 2.18: Wettbewerbsvorteile aufgrund von 3-D-Druck

risierte Kosten- und Nutzenführerschaft – gleichzeitig realisieren. Dies war bisher nur der Champions League einiger weniger, außergewöhnlicher Firmen vorbehalten, doch nun können auch Start-ups, Spin-offs und mittelständische Unternehmen diese Wettbewerbsvorteile realisieren. An späterer Stelle (siehe Kapitel 3.1.3) wird hierzu das Beispiel der Speedfactory von Adidas erwähnt, wo auch dank 3-D-Druck Sportschuhe günstiger, vor allem aber individualisierter als in der traditionellen Fertigung produziert werden. Dadurch werden Länder wie Deutschland, Österreich oder die Schweiz als Produktionsstandort wieder attraktiv und wettbewerbsfähig.

2.3.2 Blockchain

Definition

Zu den derzeit wohl interessantesten neuen Technologien zählt die Blockchain. Und sie ist viel mehr als nur die Grundlage vieler Kryptowährungen, also digitaler Währungen wie Bitcoin. Auch wenn gerade um diese Währungen – und vor allem um deren Kursentwicklungen am Aktienmarkt – ein wahrer Hype entstanden ist, so repräsentiert die Blockchain-Technologie generell ein enormes Potenzial für Produkt-, Prozess- und Geschäftsmodellinnovationen.

Blockchain ist zuerst einmal ein **Transaktionsprotokoll** zum sicheren Senden, Speichern, Empfangen und Verarbeiten von digitalen Daten. Grundidee der Blockchain-Technologie ist eine Art dezentrale Datenstruktur, gekoppelt mit einer Unveränderlichkeit der Datensätze und absoluter Transparenz. Sie zeichnet sich dadurch aus, dass ihre Einträge, also ihre jeweiligen Datensätze und Transaktionen, in Blöcken zusammengefasst, als Kette aneinandergereiht und so gespeichert werden.

Die Abbildung 2.19 verdeutlicht das Grundprinzip der Aneinanderreihung einzelner Datenblöcke zu einer **Datenkette** (engl.: Blockchain). Jede neue Transaktion, jeder neue Datensatz wird durch einen neuen Block den bisherigen Transaktionen angehängt. Im Fall der Abbildung wächst die Datenkette dank der vierten Information. Jeder neue Datenblock enthält die Historie der vorherigen Datenkette in Form einer Prüfsumme aus der

Digitale
Trans-
formation

Digitali-
sierung

Business

Change

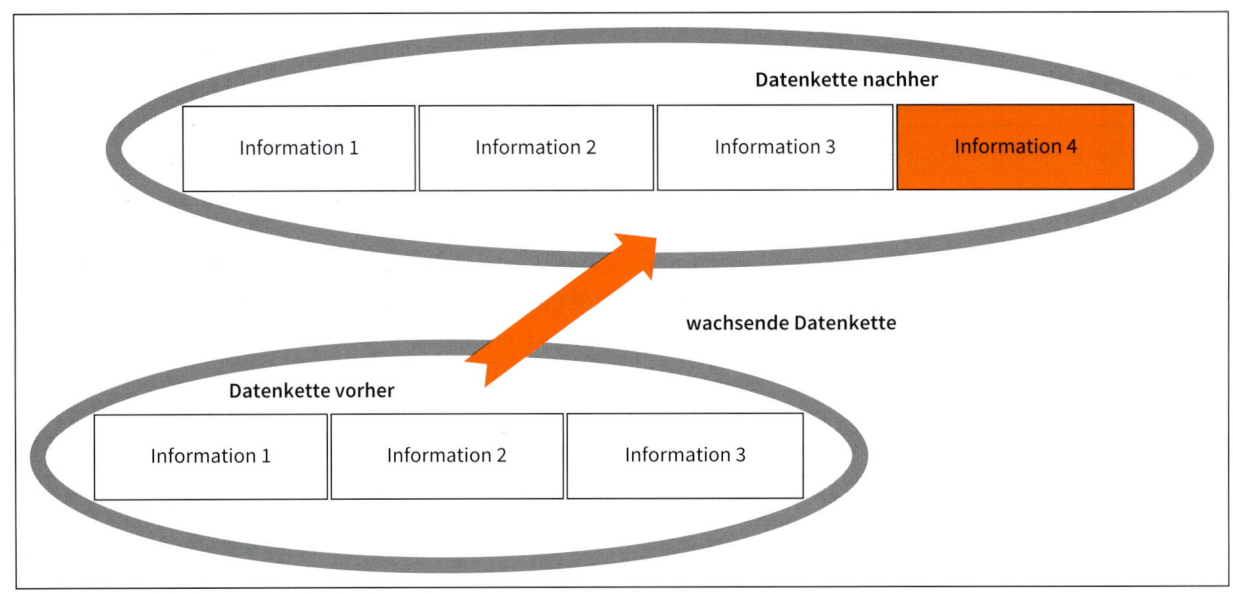

Abb. 2.19: Modell der Blockchain als wachsende Datenkette

vorherigen Datenkette und erhält gleichzeitig eine neue Prüfsumme für die neu entstandene Datenkette.

Neben dem Anwachsen der Datenkette gibt es noch einen weiteren zentralen Baustein der Blockchain: die Dezentralisierung aller Informationen. Jeder Datenblock wird mit seinen Prüfsummen auf einer Vielzahl von Rechnern parallel und simultan gespeichert. Durch einen von allen Rechnern verwendeten Konsensmechanismus wird die Authentizität der Datenbankeinträge unwiderruflich sichergestellt.

Digitale
Trans-
formation

**Digitali-
sierung**

Business

Change

Funktionsweise Blockchain

Herr Specht bietet ein Grundstück zu einem bestimmten Preis zum Kauf an (1. Schritt). Frau Schluck möchte das Grundstück gerne kaufen, akzeptiert aber nicht den als zu hoch empfundenen Preis (2. Schritt). Herr Specht reduziert daraufhin den Preis (3. Schritt) und beide werden handelseinig (4. Schritt). Frau Specht erwirbt nun das Grundstück und gilt fortan als Eigentümer des Grundstückes. Diese Kette an Transaktionsschritten und -daten kann dementsprechend in mindestens vier Datenblöcken abgelegt werden.

Nach dem Kauf wurde Frau Specht Eigentümerin des Grundstücks. Diese Information ist auf einer Vielzahl von Rechnern hinterlegt. Behauptet nun eine andere Person, sie wäre Eigentümer des Grundstücks, widersprechen alle Rechner dieser Falschaussage. Zudem prüfen alle Rechner mögliche manipulative Veränderungen beispielsweise durch Hackerangriffe.

Die Datenkette einer individuellen Transaktion wird auf einer Vielzahl von Rechnern gleichzeitig und simultan abgespeichert. Kommt nun eine weitere Dateninformation zu der Kette hinzu, prüfen alle Rechner, ob der neue Datenblock zutreffen kann.

Die Blockchain funktioniert also wie ein **digitales Grundbuch**, in dem zu jeder digital abbildbaren Transaktion oder Vereinbarung zwischen zwei Parteien sämtliche Informationen unmanipulierbar aufgezeichnet und verschlüsselt in einem dezentral organisierten Netzwerk abgespeichert werden. Absolut sicher und immer verfügbar. Natürlich haben auch nur die Nutzer, die an einer mit der Blockchain-Technologie durchgeführten Transaktion beteiligt sind, den Schlüssel und können auf die Daten als ihr Eigentum zugreifen. Diese durch Datensätze verbrieften Werte können dabei Informationen aus einem Fahrtenbuch, einer Währung, aus Verträgen oder über das Eigentum an einem Fahrzeug sein. Aber für welche Branchen bzw. Unternehmen wird diese Technik Auswirkungen haben? Und vor allem: wann?

Praxis

In der Praxis finden sich heute vor allem Blockchain-basierte Kryptowährungen. Hierunter versteht man Währungen in Form digitaler Zahlungsmittel, bei welchen die Prinzipien der Kryptographie (also Verschlüsselung von Informationen) angewendet werden, um ein verteiltes, dezentrales und vor allem sicheres Zahlungssystem zu ermöglichen.

Schon heute gibt es neben der bereits erwähnten Bitcoin-Währung eine Vielzahl von Kryptowährungen. Diese werden gerne als Altcoins bezeichnet. Internetseiten wie coinmarketcap.com listen aktuelle Kurse und Hintergrundinformationen zu über 100 Blockchain-basierten Währungen tagesaktuell auf.

Im beschaulichen Zug in der Schweiz, einer Hochburg in Sachen Kryptowährung, ist die Bezahlung von Ärzten bereits per Bitcoin möglich. Sogar die Finanzverwaltung akzeptiert dort Bitcoin – alles möglich dank der Blockchain-Technologie.

Doch wie schon gesagt: Blockchain ist viel mehr als die Grundlage dieser Kryptowährungen. Sie bietet eine vollkommen neue Art, Transaktionen zwischen Menschen und/oder Maschinen abzuwickeln. Vielfältige Anwendungsgebiete sind für die Blockchain-Technologie denkbar, wie die Abbildung 2.21 verdeutlicht.

Ein Autokäufer, der früher ein Vermittlungsportal für Gebrauchtwagen genutzt hat, kann zukünftig die Konfiguration für sein Wunschauto auf einem dezentral organisierten Marktplatz einstellen. Sobald ein entsprechend konfigurierter Gebrauchtwagen angeboten wird, werden

Kryptowährung	Symbol	Marktkapitalisierung (Stand: 01.12.2017)
Bitcoin	BTC	182.806 Mio. US Dollar
Ethereum	ETC	44.696 Mio. US Dollar
Bitcoin Cash	BCH	24.528 Mio. US Dollar
Ripple	XRP	9.896 Mio. US Dollar
Dash	DASH	6.127 Mio. US Dollar
Litecoin	LTC	5.306 Mio. US Dollar
Bitcoin Gold	BTG	5.176 Mio. US Dollar

Abb. 2.20: Kryptowährungen

Branche	Anwendungsbeispiel
Gesundheitswesen	Organspendeausweis, Kundenakte im Krankenhaus und beim Arzt
Immobilienwirtschaft	Grundbuch, Mietvertrag, Betriebskostenabrechnung
Gemeinnützigkeit	Nachverfolgung der Verwendung von Spendengeldern
Personalwesen	Bewerbungsakten und Zertifikate, Mitarbeiterakten
Musikbranche	Verwalten von Rechten, Abrechnung von Streaming-Diensten
Automobilbranche	Zugangsschlüssel zum PKW, Wartungsbuch für Autoreparaturen

Abb. 2.21: Anwendungsszenarien der Blockchain-Technologie

die Daten zwischen Käufer und Verkäufer ausgetauscht. Der Käufer kann über den zum Auto gehörenden Datensatz (der in der Blockchain dokumentiert ist) sämtliche Informationen einsehen, die im Betriebssystem des Fahrzeuges erfasst wurden: Laufleistung, Anzahl der bisherigen Wartungsintervalle, Unfälle, erfolgte Rückrufaktionen. Sogar die Stückliste und damit jedes einzelne Bauteil des Fahrzeuges sind in der Blockchain dokumentiert. Der Käufer kann sich vergewissern, in welchem Zustand sich das Fahrzeug tatsächlich befindet und welche Historie es hat. Nach Probefahrt und Einigung transferiert der Käufer den Kaufbetrag elektronisch an den Verkäufer, von Smartphone zu Smartphone. Ohne Bankkonto, innerhalb von Sekundenbruchteilen. Der Verkäufer überträgt im Gegenzug die Fahrzeug-Blockchain und die im »digitalen Grundbuch« dokumentierte Eigentümer- bzw. Halterschaft auf den Käufer. Gleichzeitig wird die für den Käufer zuständige KFZ-Zulassungsstelle per Datensatz über den Kauf informiert. Die KFZ-Steuer wird erhoben und elektronisch in Rechnung gestellt.

Auch die zukünftige Autobahnmaut wird gleich beim richtigen Eigentümer bzw. Halter nutzungsgenau digital abgerechnet. Über ein weiteres dezentrales Portal, per Smart Contract, kann der Käufer eine Versicherung abschließen. Die Bezahlung wird per digitaler Währung beglichen, abhängig von der erfassten Nutzungsdauer und den gefahrenen Kilometern. Zum Laden seines E-Mobils hat der Käufer sich mit einer Stromanbieter-Plattform zusammengeschlossen und ist damit zum Endabnehmer bei einem unabhängigen Stromerzeuger geworden. Die Bezahlung läuft auch hier digital, beim Einstecken des Ladekabels – Volt gegen Bitcoin – ohne Vermittler.

Konsequenz

Ein zentraler Trend der Blockchain-Technologie ist die **Disintermediation**, also der Wegfall von Zwischenhändlern oder Vertragspartnern, wie sie an späterer Stelle ausführlicher (siehe Kapitel 3.1.3) geschildert wird. So haben verschiedene Start-ups aus dem Finanzsektor (sogenannte FinTechs) die Technologie für ihre Geschäftsmodelle entdeckt, indem sie Geschäftspartnern Zahlungsvorgänge ohne Banken als Intermediär ermöglichen. In Kreisen der Blockchain-Profis heißt es: »Be your own Bank«. Eine Bank, ein Finanzintermediär oder ein Finanzmakler sind schlichtweg nicht mehr notwendig, um digitale Werte von einem Nutzer zu einem anderen zu übertragen. In letzter Instanz ersetzt die Blockchain das Bankkonto und kann im Prinzip alle Prozesse abbilden, die mit der Transaktion von digitalen Werten einhergehen. Das gleiche Prinzip der Disintermediation funktioniert auch bei anderen

Handelstransaktionen etwa direkt zwischen Stromerzeuger und Endverbraucher ohne Energieversorger oder bei Immobilientransaktionen ohne Notar.

Die Disintermediation erhält bei Blockchain-basierten Anwendungen noch eine weitere, signifikant politische Dimension: Schon heute verdeutlicht die Bitcoin-Währung den Verlust der Einflussnahme jeglicher staatlichen oder supranationalen Organisation. Keine Zentralbank, keine Regierung und keine internationale Staatengemeinschaft (wie die Europäische Union oder NATO) kann direkt auf den Kurs der Kryptowährungen oder den Verlauf einzelner Zahlungen Einfluss nehmen. Da die Zahlungsvorgänge öffentlich anonym sind, fehlt den staatlichen Organisationen jegliche Transparenz über die Vertragspartner. So munkelte man schon länger, dass gerade dank Bitcoin und Co. Schwarzgelder gewaschen oder kriminelle Transaktionen finanziert werden.

Eine weitere Konsequenz der Blockchain-Technologie ist deren Einfluss auf die Möglichkeiten von Smart Contracts. Schon vor der Entwicklung der Blockchain existierte der Begriff **Smart Contract** als Bezeichnung für Computerprotokolle zur technisch unterstützten Abwicklung eines Vertrages. Der Computerwissenschaftler Nick Szabo hat den Begriff etwa um 1993 geprägt, um die Verbindung zwischen komplexen Vertragsrechten mit E-Commerce-Protokollen, aber auch automatisierten Vertragsabwicklungen zu verdeutlichen. Smart Contracts können die Logik vertraglicher Regelungen – wie beispielsweise Service-Level-Agreements oder digitale Kaufverträge – technisch abbilden und überprüfen, ob bestimmte vertraglich definierte Anforderungen eingetreten sind, um dann ohne menschliche Einflussnahme Handlungen auszuführen. Dank der Blockchain-Technologie werden Smart Contracts nun einfacher umsetzbar und sicherer. Zudem stehen ihnen für Zahlungsvorgänge die Blockchain-basierten Währungen zur Verfügung.

Allerdings kann bereits heute festgestellt werden, dass Kryptowährungen wie Bitcoin bei Bezahlvorgängen zwischen Maschinen an ihre Grenzen stoßen. Denn bei Bitcoin-Transaktionen tritt im Durchschnitt eine zehnminütige Verzögerung auf, bevor das Netzwerk eine Transaktion bestätigen kann. Solch eine Bestätigung bedeutet, dass die Vielzahl der Rechner, die Teil des dezentralen Bitcoin-Netzwerks sind, eine Übereinkunft melden, dass die Bitcoins, die ein Käufer erhält, nicht an jemand anderen gesendet wurden und wirklich als sein neues Eigentum angesehen werden. Wenn nun aber immer mehr Maschinen direkt untereinander Zahlungsvorgänge anstoßen, dann müssen diese schneller, beliebig skalierbar und preisgünstig sein.

Hier setzt IOTA als mögliche Kryptowährung für Maschinen an. Sie wurde im Jahr 2014 von Dominik Schiener, Sergei Popov und David Sønstebø entwickelt und basiert auf einer Blockchain mit parallelen Strängen an Datenblöcken (statt nur einem Strang). Dies erlaubt eine höhere Geschwindigkeit und Skalierbarkeit und ermöglicht so, dass Maschinen sich Dienstleistungen untereinander vergüten können. Ganz im Sinne des Internets der Dinge kann eine Maschine (z. B. ein Roboter in einem Automobilwerk) autonom eigene Software-Updates oder Hardwareergänzungen nachbestellen und bezahlen. Die Bestellung wird direkt bei der »Maschine« des Herstellers des Roboters angefordert und die Dienstleistung des Updates entsprechend verrechnet.

Bis die oben skizierten Szenarien eintreten, werden wohl noch einige Jahre vergehen. Die technische Infrastruktur muss aufgebaut werden und alle beteiligten Akteure, vom Automobilhersteller über den Stromanbieter und die Zulassungsbehörde bis hin zum Kunden, müssen die Blockchain-Technologie für sich adaptieren und einsetzen. Doch mit Blick auf die schon heute rasante, exponentielle Entwicklung in Sachen Digitalisierung ist es nie zu früh, sich mit diesem Megatrend der Digitalisierung zu beschäftigen. Unternehmen sind gut beraten einen Blick auf ihr Geschäftsmodell zu werfen und ihre strategische

Ausrichtung zu prüfen. Sind Sie als Gatekeeper, Mittelsmann oder Finanzintermediär mit ihrem Unternehmen positioniert, sollten Sie sich zügig um die Erneuerung bzw. Erweiterung Ihres Geschäftsmodells kümmern. Welche Mehrwerte können Sie den Kunden über die »bloße« Vermittlung oder Lieferung von Leistungen bieten? Denken Sie immer daran: Diese Technologie macht es in Zukunft möglich, dass zwischen Endabnehmer und Produzent ein vertrauensvoller Austausch stattfindet. Diese Entwicklung wird ziemlich sicher Branchen wie Banken, Versicherungen, Autohandel, Immobilienvermittlung und Energieversorgung treffen und deren Berufsbilder verändern.

2.3.3   Quantencomputer

Beim Quanten-Computing repräsentieren sogenannte Quantencomputer die nächste Generation an Super-Computern. Sie basieren auf der Quantentechnik und sollen eine neue Dimension der Leistungsfähigkeit erreichen. Schon in der Vergangenheit hat die Quantentechnik neue Technologien ermöglicht wie etwa den Laser, Navigationssysteme oder das GPS.

Seit Mai 2016 können Wissenschaftler beim Webdienst von IBM kostenlos mit einem Quantencomputer experimentieren. Laut Pressemitteilungen von IBM haben seitdem schon mehr als 60.000 Anwender über 1,7 Millionen Quantenexperimente durchgeführt und über 35 Forschungspublikationen von Drittanbietern erstellt. Das Unternehmen gibt mit QISKit außerdem ein Open-Source-SDK zum Programmieren von Quantencomputern heraus. Ziel der Forscher ist es, die Rechenleistung des Quantencomputers »IBM Q« von aktuell 5 auf 20 bzw. sogar 50 Qubits zu erhöhen. Qubits sind dabei der kleinste Bestandteil jeder Rechnung in einem Quantencomputer so wie Bits und Bytes für jeden klassischen Computer.

3 Business

3.1 Digitalstrategie

Definition

Die Verwendung digitaler Technologien, die daraus resultierende wirtschaftliche Nutzung der Digitalisierung sowie die organisatorischen Veränderungen im Sinne der Digitalen Transformation ergeben nur dann Sinn, wenn sie einem strategischen Unternehmenszweck dienen. Dabei steht besonders die Wettbewerbsfähigkeit der Unternehmen im Vordergrund. Alle (strategischen) Maßnahmen einer Organisation – wie auch die Digitalisierung – sollten kein Selbstzweck sein, sondern der Stärkung der Wettbewerbsfähigkeit dienen. Dies gilt auch für die Digitalstrategien: Sie definieren die Nutzung digitaler Technologien zur Sicherung oder Steigerung der generellen Wettbewerbsfähigkeit einer Organisation.

Praxis

Die Digitalstrategien eines Unternehmens oder einer Organisationseinheit orientieren sich an mindestens einer der beiden klassischen Wettbewerbsstrategien, der Kos-

ten und/oder Nutzenführerschaft. Die konkreten Digitalstrategien gliedern sich in die operative Exzellenz (Operational Excellence), die bestmögliche Kundenerfahrung (Customer Experience) bis hin zur Realisation neuer Geschäftsmodelle (Business Model).

Kostenführer generieren ihre überdurchschnittlichen Renditen durch signifikante Kostenvorteile. Selbst bei geringen Preisen realisieren digitale Kostenführer

Abb. 3.1: Digitalstrategien

dank operationaler Exzellenz noch hohe Margen und Renditen. Kostenführer nutzen alle möglichen (digitalen) Rationalisierungsmaßnahmen im Produkt- und Leistungsangebot, in der Fertigung und in allen Geschäftsprozessen, reduzieren unnötige Schnittstellen und standardisieren bzw. »mass-customisen« ihre Leistungen und Systeme.

Nutzenführer unterscheiden sich von Kostenführern durch ihre hohe Qualität, ein größeres Angebot (Sortiment), vermehrten Service und den gezielten Einsatz von Emotionen. (Digitale) Nutzenführer bieten durch den Fokus auf die jeweilige Kundenerfahrung etwas Besonderes, wofür der Kunde gerne bereit ist, tiefer in die Tasche zu greifen. Sie klagen nicht über den »irrationalen« Kunden, der nicht bereit ist, für Qualität auch einen angemessenen Preis zu bezahlen. Nutzenführer orientieren sich an den tatsächlichen – bisher eventuell unbekannten – Werten und Erwartungen ihrer Abnehmer.

Hintergrund

Ursprung der Wettbewerbs- und Digitalstrategien

Die Strategien der Kosten-/Nutzenführerschaft entsprechen einer Weiterentwicklung der weltbekannten Wettbewerbsstrategien von Michael Porter. Schon 1985 formulierte er in seinem richtungsweisenden Werk »Competitive Advantage« seine drei generischen Wettbewerbsstrategien der Segmentierung, der Differenzierung und der Kostenführerschaft (Porter 1985). Die drei Digitalstrategien »Customer Experience, Operational Process und Business Model« entstammen dem sogenannten MIT Sloan Digital Business Modell (Weill/Woerner 2013) sowie den in Zusammenarbeit mit dem Massachusetts Institute of Technology (MIT) abgeleiteten Strategien der Beratungsfirma Cap Gemini (www.capgemini-consulting.com/digital-transformation).

Konsequenz

Unternehmen, die weder Kosten- noch Nutzenführer sind, laufen Gefahr, sich im Sumpf der Vergleich- und Austauschbarkeit wiederzufinden. Sie repräsentieren den Durchschnitt, haben eine niedrige oder sogar negative Rentabilität und können sich nur noch durch preisaggressive Verkaufsstrategien vermarkten. Dies gefährdet langfristig ihre unternehmerische Existenz. Nur Kosten- und/oder Nutzenführer realisieren langfristig eine ausreichende Rentabilität (Gewinne) und sichern damit nachhaltig ihre Wettbewerbsfähigkeit.

Gerade dank der Digitalisierung und Vernetzung können Unternehmen nun auch gleichzeitig Kosten- und Nutzenführer werden! Meist geschieht dies in Form neuer Geschäftsmodelle, die die operative Exzellenz mit neuartigen

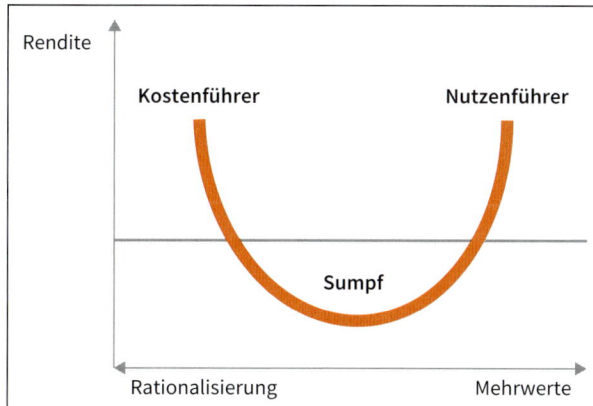

Abb. 3.2: Wettbewerbsstrategien

Kundenerfahrungen kombinieren. Bekannte Beispiele solcher neuartigen Geschäftsmodelle kennen wir aus der Sharing Economy (wie DriveNow oder Airbnb), von Legal- oder FinTech-Start-ups oder von Firmengründungen erfahrener Ingenieure, die ihre innovativen Ideen bei ihren bisherigen Arbeitgebern nicht realisieren wollten oder konnten.

3.1.1   Operational Excellence

Definition

Die Digitalstrategie der »Operational Excellence« nutzt alle (digitalen) Rationalisierungsmaßnahmen im Produkt- und Leistungsangebot, in der Fertigung und in allen Geschäftsprozessen entlang der Wertschöpfungskette. Korrespondierend mit der generellen Wettbewerbsstrategie des Kostenführers reduziert die operationelle Exzellenz unnötige Schnittstellen und standardisiert bzw. »mass-customised« alle möglichen Leistungen und Systeme. Kostenführer generieren dadurch ihre Kostenvorteile als Basis für überdurchschnittliche Renditen. Selbst bei geringen Preisen realisieren digitale Kostenführer dank der operationalen Exzellenz noch hohe Margen.

Praxis

Mindestens in zwei Themenblöcken unterstützt die Digitale Transformation die Möglichkeiten zur Operational Excellence: mittels der Skaleneffekte im Online-Handel und dem Lean Management 2.0.

Die Idee der **Skaleneffekte** im Online-Handel ist nicht neu. Sie besagt, dass bei steigenden Produktions- und Absatzmengen die Rendite der digitalen Investitionen immer weiter steigt. Bei Unternehmen, die einmal einen

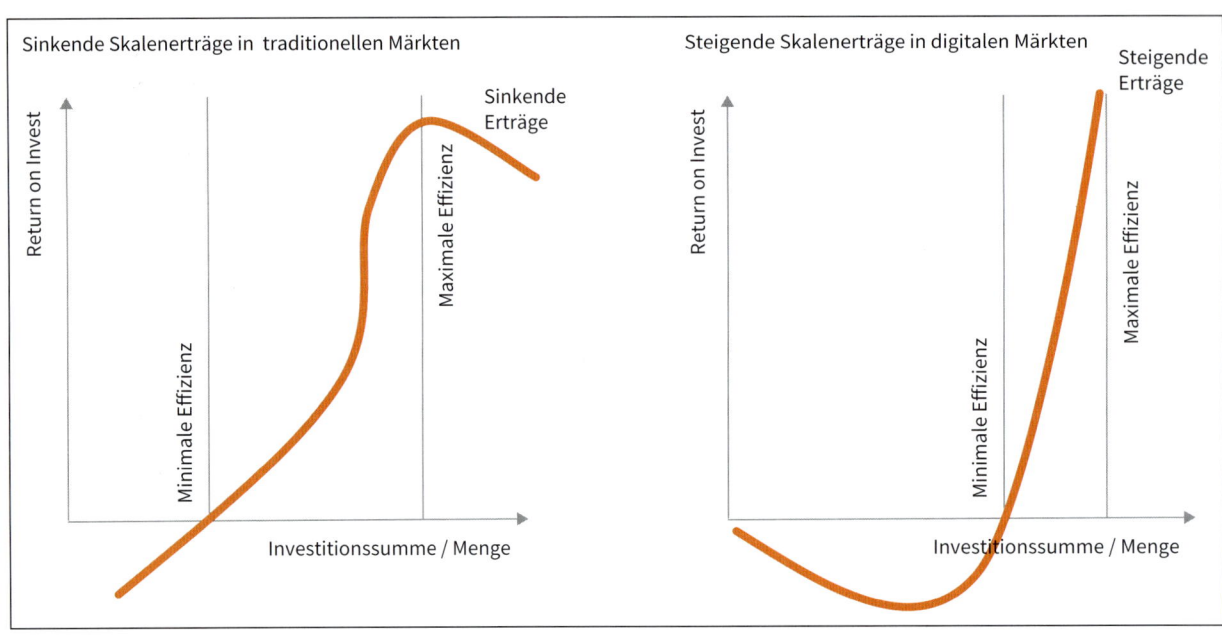

Abb. 3.3: Skaleneffekte der Digitalisierung

Online-Absatzkanal erobert haben, entstehen für jeden neuen Kunden kaum noch zusätzliche Fixkosten. Wer also wie Amazon oder Booking.com seine Systeme und Prozesse etabliert hat, genießt (fast) grenzenlose Skaleneffekte mit steigenden Erträgen. Signifikante Mehrkosten liegen vorwiegend bei variablen Kosten wie den Server-, Material- oder Transportkosten, die aber größtenteils von den Kunden direkt übernommen werden und somit nicht auf die Rendite des Unternehmens wirken. Umgekehrt haben traditionelle Handelsmärkte bei höheren Absatzmengen oft sinkende Skalenerträge, da sprungfixe Kosten (wie z. B. Personalkosten oder Mieten für Verkaufsflächen) bei steigenden Absatzmengen anfallen.

Ferner profitiert besonders der Lean-Management-Ansatz von den neuen digitalen Möglichkeiten. Ja, die Digitale Transformation erlaubt sogar eine weitere Stufe des Lean Managements, sozusagen das **Lean Management 2.0**. Das traditionelle Lean Management (1.0) basiert auf dem japanischen Toyota-Produktionssystem (TPS) mit seinem Vordenker Taiichi Ohno. In den 1990er-Jahren wurde das TPS von Wissenschaftlern des US-amerikanischen Massachusetts Institute of Technology (MIT) aufgenommen und in das weltbekannte Lean Management überführt. Dieser Ansatz kombinierte eine Vielzahl von Denkprinzipien, Methoden und Verfahrensweisen mit dem Ziel der effizienten Gestaltung der gesamten Wertschöpfungskette industrieller Güter. Kombiniert wurden Prinzipien wie die Kunden-, Team-, Qualitäts- und Kostenorientierung mittels einer Konzentration auf die eigene Stärke und Kundenanforderungen sowie der Optimierung von Geschäftsprozessen dank der Vermeidung jeglicher Verschwendung.

Die Eliminierung jeglicher **Verschwendung** ist eine der zentralen Grundintentionen des Lean Managements, wobei der Begriff Verschwendung alles umfasst, was der Kunde nicht zu bezahlen bereit ist. Die Japaner nennen Verschwendung »Muda«, was mit »sinnlose Tätigkeit« übersetzt werden kann. Im Lean Management werden sieben Arten von Verschwendungen definiert (siehe Abbildung 3.4).

Als Überproduktion gilt die Produktionsmenge, die weder bestellt noch geplant war. Lange Wartezeiten, große (innerbetriebliche) Transporte, überflüssige Bewegungen von Materialien oder Werkzeugen führen zu Zeitverlusten und Kostennachteilen, während hohe Lagerbestände unnötige Kapitalkosten hervorrufen. »Muda« entsteht auch aus der Übererfüllung der von den Kunden geforderten Standards sowie aus Fehlern, welche zu Nacharbeit oder Schwund und somit erneut erhöhten Kosten führen.

Die einzelnen Verschwendungsarten stehen häufig in Wechselwirkungen zueinander, was im Einzelfall genau zu analysieren ist: Beispielsweise reduziert die Verkleinerung großer Fertigungslose auch die Bestände. Im Gegenzug erzeugen reduzierte Bestände sowohl den Bedarf nach häufigeren Materialbewegungen als auch nach häufigerem Um- bzw. Einrichten von Maschinen.

Der Erfolg des Lean Managements liegt in einer umfassenden integrierten Prozesskette von der Produktentwicklung, Fertigungsvorbereitung, Beschaffung, Ferti-

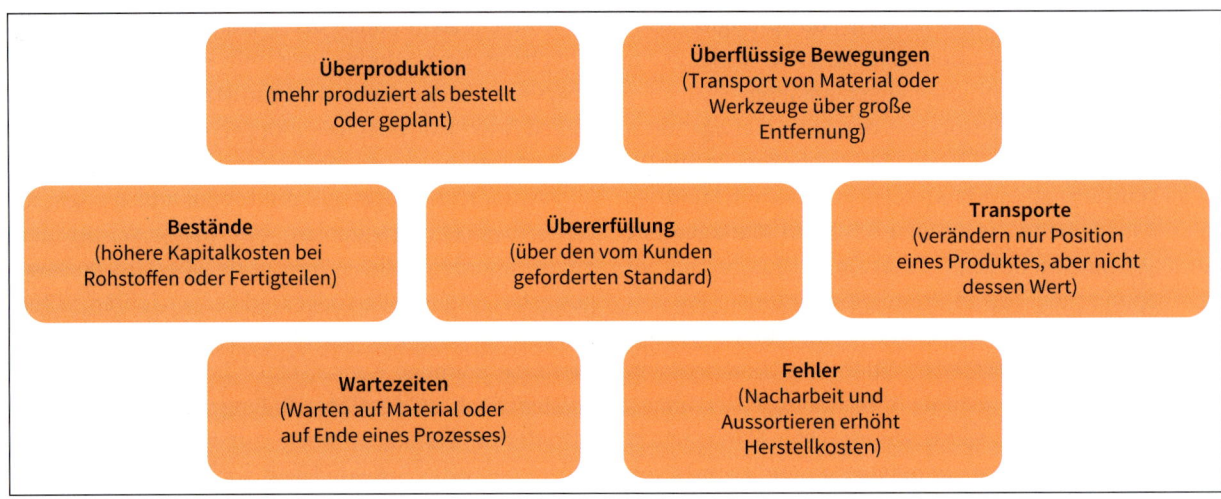

Abb. 3.4: Arten von Verschwendung

gung, dem Vertrieb und Service sowie dem Personalwesen, der Infrastruktur und der Administration. Die Methode entfaltet erst dann ihre enormen Potenziale, wenn nicht nur einzelne ihrer Bausteine umgesetzt, sondern vielmehr alle Einzelelemente ganzheitlich integriert und kombiniert werden. In allen zentralen Gestaltungselementen des klassischen Lean Management bietet nun die Digitale Transformation Entwicklungspotenziale, die zu einer neuen Stufe des Lean Managements führen (siehe Abbildung 3.5).

	Lean Management 1.0	Lean Management 2.0
Teamarbeit und Kooperationsorientierung	Team- und Gruppenarbeit sowie flache Hierarchien und schnelle Kommunikationswege	Sich selbst führende, autonome Teams Holokratie
Kaizen/Kontinuierlicher Verbesserungsprozess (KVP)	Laufender Verbesserungsprozess durch jeden Beschäftigten	Laufende Verbesserung dank agiler Methoden Aktive Suche nach disruptiven Innovationen
Total-Quality-Management/ Null-Fehler-Prinzip	Volle Qualitätsverantwortung auf jeder Arbeitsgruppe	Monitoring aller Prozessschritte und Delegation der Verantwortung mittels klarer Rollen (z. B. Scrum-Master, Expertenteam)
Just-in-time/ Null-Puffer-Prinzip	Produktionssynchrone Beschaffung	Just-in-time-Produktion dank 3-D-Druck ohne Vorratshaltung, Predictive Maintenance
Kundenorientierung	Strenge Kundenorientierung in allen Unternehmensbereichen	Verantwortung für Kundenorientierung und Wirtschaftlichkeit (z. B. mittels Product Owner), Mass Customisation (z. B. Losgröße 1)
Simultaneous Engineering	Simultane Entwicklung sowie effizienter Forschungs- und Entwicklungsprozess	Konsequentes Prototyping mit laufenden Feedbacks der Kunden Digital Twins
Integration	Enge Zusammenarbeit aller Unternehmensfunktionen, mit den Lieferanten bis hin zu den Kunden	Integration der Daten (z. B. Big Data) Integration aller Stakeholder gemäß VOPA+-Modell

Abb. 3.5: Lean Management 2.0

Gestaltungselemente des Lean Management 2.0

Die Gestaltungselemente des Lean Management 2.0 wie Holokratie, Predictive Maintenance, Digital Twins oder das VOPA-Modell werden an dieser Stelle nur kurz im Rahmen der obigen Tabelle angedeutet. Ausführlich werden sie in den folgenden Kapiteln beschrieben und diskutiert.

Konsequenz

Eine besondere Konsequenz der Digitalen Transformation ist die wesentlich kollaborativere Art der Zusammenarbeit aller bei der Wertschöpfung integrierten Personengruppen (interne und externe Stakeholder). Dies steigert nicht nur die operative Exzellenz, sondern auch die Kundenerfahrung, wie später noch zu sehen ist. Diese moderne Art der Zusammenarbeit lässt sich anhand des **VOPA+-Modells** von Willms Buhse darstellen (Buhse 2014). Es beschreibt anhand von fünf Elementen die Möglichkeiten und die Anforderungen an die Führung von Organisationen und ihre Stakeholder: Vernetzung, Offenheit, Partizipation, Agilität und daraus resultierendes Vertrauen.

Zur **Vernetzung** zählt nicht nur die Vernetzung von Menschen (u. a. durch Nutzung sozialer Medien sowie moderner Projektmanagementmethoden), sondern auch die Vernetzung und Interaktion von Maschinen (Stichwort: Internet der Dinge). Die **Offenheit** vollzieht sich nicht nur zwischen Teilbereichen einer einzigen Organisation. Im Unterschied zu früheren, rein einkaufs- und preisorientierten Interaktionen zwischen Lieferanten und Kunden stellt sich Offenheit auch her durch die aktive Bereitstellung, Weitergabe und Nutzung von Informationen (wie Kunden-, Bestell-, Abverkaufs- oder Produktions-Daten). Diese Transparenz ermöglicht und fordert gleichzeitig die aktive Mitarbeit (**Partizipation**) aller an einem Projekt beteiligten Personen. Die aktuelle Diskussion zur **Agilität** und zu agilem Management geht insofern noch einen Schritt weiter, da bei diesem Ansatz autonomes Arbeiten im Rahmen von selbstorganisierten Teams (inklusive externen Partnern wie Kunden und Lieferanten) ermöglicht und gefördert wird.

Kommen alle vier bisherigen Elemente des VOPA+-Modells zum Tragen, kann sich ein kollaboratives, auf **Vertrauen** basierendes Verständnis der Führung und der Zusammenarbeit innerhalb einer Organisation sowie außerhalb mit allen relevanten Stakeholdern etablieren. Ein solches Verständnis ist zentral für die Reduktion von Verschwendungen und den Aufbau operativer Exzellenz.

Die meisten der hier genannten Begriffe werden in späteren Kapiteln in ihren originären Zusammenhängen

VOPA+	Lieferanten	Kunden	Mitarbeiter
Vernetzung	• Stamm- und Bewegungsdaten • Predictive Maintenance	• Sharing Economy • Lead Management	• Enthierarchisierung • Dezentralisierung
Offenheit	• Open Source	• Transparenz • Soziale Verantwortung	• Experimentierkultur • Objectives and Key Results (OKR)
Partizipation	• Systempartnerschaften	• Prosumer • Open Innovation	• Sich selbst führende Teams • Holokratie
Agilität	• Kurze Entscheidungswege • Kaizen	• Marktfähige Prototypen • Beta-Versionen	• Iterations- und Feedbackschleifen

Abb. 3.6: Operational Excellence nach dem VOPA+-Modell

diskutiert, sodass nur einige Positionen der Abbildung 3.6 an dieser Stelle ausführlicher zu erwähnen sind: Im Rahmen der Vernetzung tauschen Unternehmen mit ihren Lieferanten immer mehr Stamm- und Bewegungsdaten aus. Zu den **Stammdaten** zählen dabei Adressen, Kunden- und Personaldaten, Artikelnummern, Produktbeschreibungen, Maschinenpläne, Messpunkte oder Vertragsdaten, während **Bewegungsdaten** über Zustände wie Umsatz, Absatz, Kosten, Bestellung, Lieferung, Lagerort informieren. Der Austausch dieser (teilweise sensiblen) Daten führt erst zu den Vorteilen im Rahmen der Operational Excellence.

Mit dem Begriff **Lead Management** werden Prozesse und Techniken assoziiert, die es einem Unternehmen erlauben, neue Kontakte zu generieren und diese in tatsächliche Käufer umzuwandeln. Aus den unterschiedlichsten Datenquellen wie E-Mails, besuchte Internetseiten, Social-Media-Netzwerke, Customer-Relationship-Management-Systemen (kurz: CRM) u.v.a. werden die Daten möglicher Kunden analysiert und so aufbereitet, dass erfolgversprechende Marketing- und Vertriebskampagnen gestartet werden können. Die Vernetzung spielt dabei eine große Rolle, da viele Daten über potenzielle Kunden anfallen. Jedes Mal, wenn ein Kunde etwas im Internet recherchiert, hinterlässt er Datenspuren, die von Anbietern aufgegriffen werden können und als Leads (auf Deutsch etwa »Interessenten«) einen Startpunkt für eine Verkaufsmaßnahme bieten.

Als **Systempartnerschaften** bezeichnet man die intensive Zusammenarbeit eines Unternehmens mit einem Lieferanten, bei der der Zulieferer komplette Systeme oder Komponenten konstruiert, liefert und eventuell sogar direkt vor Ort in der Produktionsstraße des Unternehmens montiert. Besonderes Merkmal einer Systempartnerschaft ist die hohe Entwicklungsleistung des Lieferanten und die Abhängigkeit des Unternehmens von seinem Zulieferer.

Als **Open Source** bezeichnet man üblicherweise Software, aber auch Konstruktionszeichnungen, deren Quelltext öffentlich von jedem Interessierten eingesehen, verwendet und vor allem weiterentwickelt werden kann. Dabei muss die Software oder Konstruktion nicht unbedingt kostenlos angeboten werden. Vielmehr können über Lizenzmodelle Vergütungen zugunsten des Entwicklers oder Verkäufers anfallen. Ein Beispiel für ein Open-Source-Projekt ist »Olli« von Local Motors, einem autonomen Automobil für bis zu zwölf Personen auf Basis von IBMs Supercomputer Watson. Olli wird fortlaufend in einer Online-Community der Local Motor Labs (www.localmotors.com) mit über 50.000 Freiwilligen (weiter-)entwickelt. Die Community diskutiert – für alle transparent – Entwicklungsaufgaben und entscheidet selbst, welche Beiträge so gut sind, dass sie von Local Motors mit unterschiedlichen Themenprämien von bis zu 5.000 US-Dollar belohnt werden.

Merke

Datensicherheit

Achtung! Trotz aller Freude über eine kollaborativere und offenere Zusammenarbeit innerhalb von Unternehmen und zwischen Geschäftspartnern, bedarf es weiter eines sorgfältigen Umgangs mit sensiblen Personendaten (Kunden, Mitarbeitern, Lieferanten etc.) und Betriebs- bzw. Geschäftsgeheimnissen. Ein negativer Effekt der Vernetzung und Datenanalyse dank intelligenter Systeme sind Missbräuche bei der Daten- und der IT-Sicherheit. Bei der **Datensicherheit** (auch Informationssicherheit) geht es um den technischen Schutz vor Datendiebstahl sowie der unerlaubten Verarbeitung und Weitergabe sensibler Daten. Dient die Datensicherheit dem Schutz der Privatsphäre, so spricht man vom **Datenschutz**. Hier ist der Zugang zu personenbezogenen Daten und einem unberechtigten Lesen durch unbefugte Dritte unbedingt zu vermeiden. **IT-Sicherheit** geht noch einen Schritt weiter und verfolgt neben der Informationssicherheit auch die Vermeidung von wirtschaftlichen Schäden und Risiken im Sinne der Funktionalität (Funktionssicherheit).

3.1.2 Customer Experience

Definition

Nutzenführer fokussieren primär auf positive Kundenerfahrungen (Customer Experience). Sie unterscheiden sich von Kostenführern durch ihre hohe Qualität, ein größeres Angebot (Sortiment), vermehrten Service und den gezielten Einsatz von Emotionen. Nutzenführer bieten etwas Besonderes, wofür der Kunde gerne bereit ist, tiefer in die Tasche zu greifen. Sie klagen nicht über den »irrationalen« Kunden, der nicht bereit ist, für Qualität auch den entsprechenden Preis zu bezahlen. Nutzenführer orientieren sich an den tatsächlichen – eventuell bisher unbekannten – Werten und Erwartungen ihrer Abnehmer. Zu ihnen zählen in Zeiten der Digitalisierung mit möglichen Substitutionen und Disruptionen nicht mehr nur die bisherigen Stammkunden, sondern auch die preissensiblen Kunden (Low Cost) sowie die bisherigen Nicht-Kunden.

Die Alleinstellung und die daraus resultierende »Customer Experience« liegt in den unterschiedlichsten Aspekten begründet wie Kostenersparnis, Zeitgewinn, Servicevorteil, Informationsgewinn, Sicherheitsgewinn bzw. Risikoreduzierung, Prestige- oder Unabhängigkeitsgewinn. Kommt zu den qualitativen und quantitativen Vorteilen auch ein emotionaler Nutzen, so verliert der Preis bei der Kaufentscheidung an Bedeutung. Umgekehrt spielt der Preis bei der Kaufentscheidung eine umso größere Rolle, je weniger kundenspezifische Alleinstellungsmerkmale das Produkt hat.

Im Umfeld des Online-Marketings hat sich zudem der Begriff **User Experience** (kurz: UX) etabliert. Hierbei geht es um das Erlebnis oder die Erfahrung bei der Nutzung digitaler Medien, mit Fragen nach der Nutzerfreundlichkeit, Nutzungsdauer und -häufigkeit, der Anzahl und der Stellen für Nutzungsabbrüche sowie der Häufigkeit der vollständigen Löschung von Applikationen. Während die User Experience auf die eigentliche Nutzung einer digitalen Oberfläche zielt, betrachtet die Customer Experience alle Kontaktpunkte eines Kunden, worunter auch die Anlieferung, Wartung, Schulung, Finanzierung und vieles mehr gezählt werden.

Praxis

Gute Beispiele für aktuelle Nutzenführer mit Fokus auf eine außergewöhnliche Customer Experience sind in der digitalen Welt Firmen wie Amazon, Google, SAP, Microsoft (besonders mit Office 365 und der Hololens), aber auch einzelne Leistungsangebote deutscher Versicherungen (z. B. der Belegscanner von Krankenversicherungen) oder Banken (z. B. der Anmeldeprozess beim Online-Banking).

In der Praxis haben sich anhand der Digitalen Transformation mehrere moderne Verfahren in der Interaktion zwischen Produzenten und Konsumenten etabliert wie Prosumer, Open Innovation, Prototyen, Losgröße 1 und Abonnements – alles Ansätze zur Steigerung der Customer Experience.

Der Begriff **Prosumer** ergibt sich aus der Wortkombination von »Produzent« und »Konsument« (Producer, Consumer) und beschreibt das Phänomen, dass Konsumenten gleichzeitig auch Produzenten sein können. Ge-

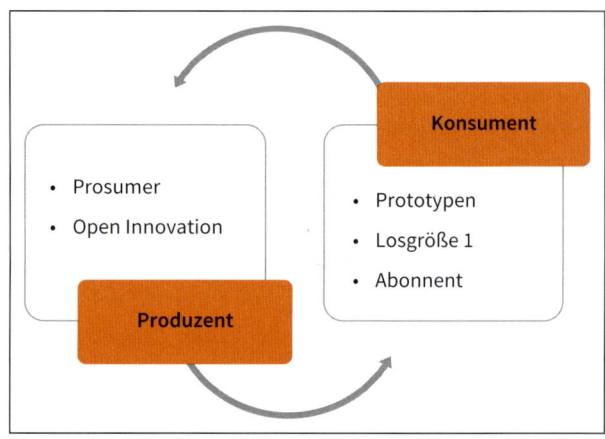

Abb. 3.7: Digitale Interaktionen zwischen Produzenten und Kunden

rade der 3-D-Druck erlaubt es Konsumenten, sich ihre gewünschten Produkte zukünftig vermehrt mittels eines eigenen 3-D-Druckers herzustellen.

Unter **Open Innovation** versteht man die Einbindung der externen Umwelt in die Innovationsprozesse einer Organisation, beispielsweise über spezielle Internetseiten der Ideennachfrager oder spezialisierte Internetplattformen. So werden Kunden (aber auch Hochschulen, Lieferanten etc.) motiviert, aktiv bei der Suche und Umsetzung von Innovationen mitzuwirken, sodass ein viel größeres Potenzial von Erfahrungen, Qualifikationen und Ideen zur Verfügung steht.

Prototypen stellen ein für die jeweiligen Zwecke funktionsfähiges, gegebenenfalls vereinfachtes Versuchsmodell eines geplanten Produktes oder Bauteils dar. Dabei unterscheidet man Konzeptmodelle (sogenannte Designprototypen), maßgenaue geometrische Prototypen, Funktionsprototypen und technische Prototypen. Sie alle dienen nicht mehr nur der Vorbereitung einer Serienproduktion, sondern im Rahmen agiler, iterativer Entwicklungsmethoden dem Ausloten der Kundenakzeptanz und -bedürfnisse. Der Konsument sollte folglich bereit sein, mit (noch nicht perfekten) Prototypen das Leitungsangebot eines Produzenten zu testen, um dann mit diesem (mehr oder weniger gemeinsam) seine optimale Bedürfnisbefriedigung zu identifizieren und zu realisieren. Dank 3-D-Druck, Lasertechnologien, Virtual-Reality-Simulation sowie agiler Produktentwicklungsmethoden erfolgt das Erstellen von Prototypen heutzutage kostengünstiger sowie zeit- und realitätsnaher.

Unter der **Losgröße 1** versteht man die Produktion von Einzelstücken im Rahmen einer hoch rationalisierten Fertigung, wie sie aufgrund neuer digitaler Technologien und Anwendungen möglich wird. Diese Quasi-Einzelfertigung erlaubt es, maximal auf individuelle Kundenwünsche einzugehen, ohne auf Kostenvorteile der Massenproduktion zu verzichten. Der Effekt von einzelnen Losgrößen resultiert aus der sogenannten Mass Customisation bzw. Mass Personalisation, die weiter unten beschrieben wird. Einzelfertigungen an sich sind für manche Branchen ein klassisches Fertigungsmodell (wie im spezialisierten Maschinenbau, bei Individualreisen oder in der Rechtsberatung), doch erlauben 3-D-Druck und moderne Planungs- und Steuerungssoftware die Umsetzung der Losgröße 1 auch im Rahmen von Massenproduktionen.

Ein **Abonnement** ist grundsätzlich nichts Neues. Das Konzept ist seit langer Zeit auch bei uns gebräuchlich und steht für den regelmäßigen Bezug einer Leistung, wobei der Widerruf temporär ausgeschlossen ist. Neueren Datums sind aber digitale Geschäftsmodelle wie bei Microsoft 365 oder Spotify, bei denen der Kunde ein fortlaufendes Abonnement mit monatlichen Gebühren eingeht. Die regelmäßig anfallenden Beträge liegen unter Preisschwellen wie z. B. 10 Euro. Die Kunden schätzen die Beträge als überschaubar und bezahlbar ein, während der Anbieter in Summe teilweise höhere Verdienste erzielt, als wenn er einmalige Lizenzkosten verlangen würde. Das Abonnement führt somit nicht nur zu einer längeren Kundenbindung mit regelmäßigen Kundeninteraktionen wie Updates oder verbesserten Kundenprofilen, sondern auch zu Mehreinnahmen und höheren Renditen.

Zur Identifikation neuer Kundenerfahrungen und Wettbewerbsvorteile helfen verschiedene Methoden zur Gruppenmoderation wie das Pain-/Gainspotting oder die Customer Journey. Die Grundidee des **Painspotting** ist einfach: Anstatt auf alle Bedürfnisse eines (externen oder internen) Kunden zu achten, konzentriert man sich beim Painspotting gezielt auf jene Themen, die dem Kunden Unannehmlichkeiten, Probleme oder andere Formen von »Schmerzen« (Pain) bereiten. Diese unbefriedigten oder schlecht befriedigten Bedürfnisse sind meistens besonders emotional. Kunden sind hier eher bereit, für eine Problemlösung mehr zu bezahlen. Erste Fragen zum Painspotting sind beispielsweise:

- Welche aktuellen Bedürfnisse werden nicht oder nur teilweise befriedigt?
- Über welches Produkt oder welche Dienstleistung regen sich die Kunden regelmäßig auf?
- Welche privaten, beruflichen, technischen, sozialen, finanziellen Probleme bestehen im Umfeld der Kunden?
- Wer benötigt Hilfe oder kann sein Problem nicht allein lösen?

- Wie und mit was könnte ein Unternehmen seinen Kunden das Leben bzw. den Alltag erleichtern?
- Wo entsteht aktuell am meisten Ärger und Frust?

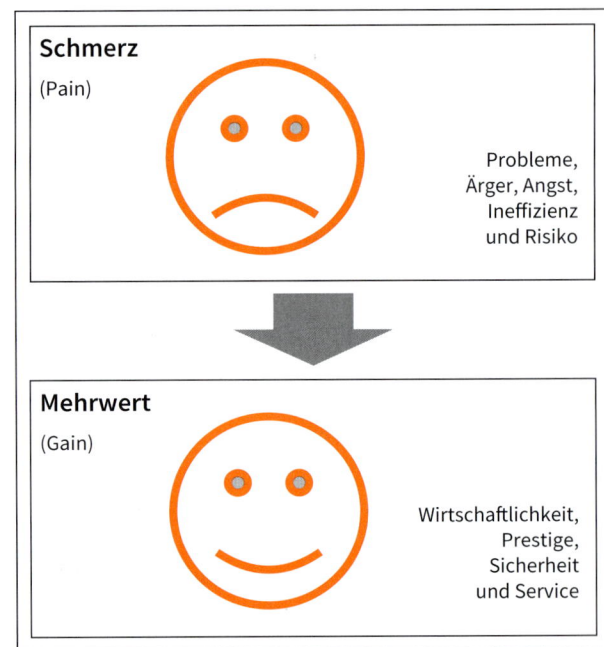

Abb. 3.8: Pain- und Gainspotting

Beim sogenannten **Gainspotting** (abgeleitet von engl. »Gain« für Gewinn, Vorteil und »to spot« für entdecken) wird die Analyseperspektive umgedreht: Dabei werden gezielt Mehrwerte (auch auf Basis der vorher gefundenen Pains) für interne bzw. externe Kunden identifiziert. Grundlagen für Mehrwerte sind beispielsweise:

- Kostenersparnisse der Kunden,
- Zeitgewinn,
- Qualitätsvorteile,
- Servicenutzen,
- Informationsgewinn,
- Sicherheitsvorteile,
- Risikoreduzierung,
- Unabhängigkeit,
- positive Emotionen oder
- Prestigegewinn.

Eine Möglichkeit zum Verständnis von Kunden und Anwendern, ihren Verhaltensmustern und Bedürfnissen bietet zweitens die sogenannte **Customer Journey**. Der Begriff bezeichnet die einzelnen Phasen und Berührungspunkte (Touchpoints), die ein Kunde beim Kauf und der Nutzung eines Produktes oder Dienstleistung durchläuft. Hierzu zählen nicht nur die offensichtlichen Interaktionen zwischen Kunden und Anbietern wie z.B. Werbung, der

Ort des Kaufes (Point of Sale, kurz PoS) oder der Reklamation, die direkt vom Anbieter beeinflusst werden können.

Vielmehr gehören dazu alle Schritte von der ersten Idee eines Kaufwunsches, über die Information und Entscheidungsfindung, den Kaufvollzug, die Lieferung, Nutzung und alle Schritte nach einer Verwendung (die sogenannte Erinnerung). Alleine die erste Phase zur Erkenntnis

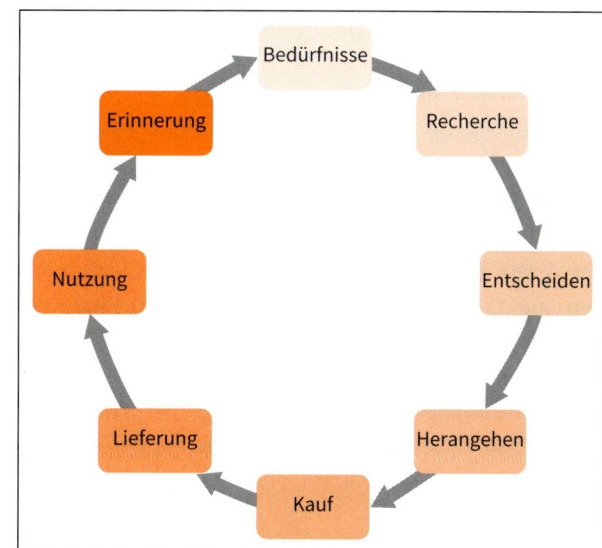

Abb. 3.9: Customer Journey

eines Bedürfnisses umfasst schon mehrere Aspekte, beginnend bei der Frage, wie, wann und wo ein Bedürfnis geweckt werden konnte. In der Phase der Recherche interessieren der Ort, die Medien und die Zeit für die Produktsuche, also die Frage, wie sich ein potenzieller Kunde über die mögliche Bedürfnisbefriedigung informiert. Was sind schließlich die Einflussfaktoren (Selling Points) für die Kaufentscheidung des eigenen Produktes bzw. eines Konkurrenzproduktes? Oder warum fand der Kauf eventuell nicht statt? Die Phase des Herangehens betrifft die Annäherung an den Kauf und die Art, wie dieser erfolgt. Beim Kauf zählen Zahlungsart, Finanzierung, Paketkäufe (sogenanntes Bundling) sowie das Kaufende (z. B. die Verabschiedung, Planung der nächsten Journey-Schritte). Die Phase der eigentlichen Nutzung betrachtet den Ort und Grund der Nutzung, Häufigkeit und Verbrauch sowie den eigentlichen Nutzer. Zum Schluss folgt die Phase der Erinnerung, für die Themen wie Zufriedenheit, Reklamation, Weiterempfehlung bzw. Wiederkauf relevant sind.

Gerade aus der konsequenten Analyse aller möglichen Kontaktpunkte (Touch Points) mit einem Kunden ergeben sich immer wieder innovative digitale Ansatzpunkte für außergewöhnliche, positive Kundenerfahrungen: Transportunternehmen für den Personenverkehr wie Bahngesellschaften oder Airlines identifizieren beispielsweise anhand der Customer Journey potenzielle Schmerzsituationen (Pains) und daraus abgeleitete Mehrwerte (Gains) wie automatische Umbuchungen bzw. Rückerstattungen bei Verspätungen, digitale Angebote während Wartezeiten (z. B. Einladung in die Lounge, Zeitschriften) oder die Organisation der Weiterreise. Traditionelle Maschinenbauer generieren (vorläufige) Alleinstellungsmerkmale, wenn sie mittels virtueller Realität Fernwartungen oder **Predictive Maintenance**, also einen proaktiven, vorausschauenden Wartungs- oder Austauschservice, anbieten. Während früher Produktionsanlagen erst ausfallen mussten, bevor sie repariert wurden, spart die intelligente und rechtzeitige Vorhersage (Prediction) Verschwendung in Form von Fehlerhäufigkeit sowie Kosten und Zeit in der Wartung (Maintenance) und somit auch Ärger mit dem Endkunden. Dabei ergeben sich deutlich mehr Kontaktpunkte mit den Kunden (Käufern bzw. Nutzern), als man auf den ersten Blick glaubt. Die digitalen Technologien helfen hier dabei, kostengünstige und kurzfristige, vor allem aber wirksame Vorteile (Gains) zu etablieren.

Konsequenz

Der Vorteil: Nutzenführerschaft hat keine direkte Korrelation mit der Unternehmensgröße! Gerade in Zeiten des digitalen Wandels können kleinere und mittelgroße Unternehmen viel mehr von den Chancen der Digitalisierung profitieren und zum Nutzenführer werden. Der entsprechende Megatrend hierzu heißt **Größenregression** und wird an späterer Stelle noch ausführlich beschrieben.

Es existiert aber eine Korrelation mit der jeweiligen Bekanntheit eines Unternehmens, um Nutzenführer zu werden. Unternehmen wachsen erst dann zum wahren Nutzenführer in der digitalen Welt, wenn sie eine gewisse Verbreitung, also Bekanntheit und Akzeptanz generiert haben. Erst durch ihre größtmögliche Verbreitung werden soziale Medien (wie Facebook und Co.), Internetanwendungen für Privatkunden (wie Spotify und Zalando) oder digitale Lösungen für Geschäftskunden (wie SAP Hana und Microsoft Hololens) zu Trendsettern und nachhaltigen Nutzenführern. Die Volkswirtschaft spricht in diesem Zusammenhang vom Phänomen der **Netzwerkökonomie**. Dabei geht es um die Auswirkungen von Netzwerkeffekten auf das Verhalten von Konsumenten und aller weiteren Stakeholder einer Organisationseinheit. Je bekannter ein im Internet aktives Unternehmen ist und je besser sein Image, desto attraktiver ist es für noch mehr Kunden, Bewerber, Lieferanten oder Banken. Daher brauchen digitale Nutzenführer zwar keine besondere Unternehmensgröße, aber eine ausreichende Bekanntheit und Verbreitung in ihren Zielgruppen. Umge-

kehrt haben schon viele potenzielle digitale Nutzenführer nach einiger Zeit ihr Geschäft einstellen müssen, da sie ihre Value Proposition nicht ausreichend verbreiten konnten. Unternehmen wie buecher.de oder StudiVZ wurden später von Wettbewerbern übernommen oder brachen ökonomisch ein.

3.1.3 Business Model

Definition

Die Möglichkeiten der Digitalisierung und sozialen Vernetzung befähigen Unternehmen immer häufiger, mittels neuer Geschäftsmodelle gleichzeitig Kosten- und Nutzenführer zu werden. Sie kombinieren dabei operative Exzellenz mit neuartigen Kundenerfahrungen. Unter einem Geschäftsmodell (Business Model) versteht man dabei die logische Funktionsweise eines Unternehmens und insbesondere die spezifische Art und Weise, mit der es dauerhaft Gewinne erwirtschaftet.

Ein Geschäftsmodell definiert sich aus drei zentralen Einzelaspekten: Erstens gibt es Auskunft über das Nutzenversprechen (Value Creation) eines Unternehmens oder eines Unternehmensbereiches. Ein Geschäftsmodell ist weit mehr als eine reine Auflistung des Leistungsangebotes. Es beschreibt die Anwendungsfälle der Nutzer, mögliche Problemlösungen sowie die Mehrwerte für Käufer und/oder Nutzer.

Zweitens erläutert ein Geschäftsmodell die Architektur der Leistungserstellung. Hier geht es um die konkrete Frage, wie ein Produkt oder eine Dienstleistung erstellt wird. Welche (internen/externen) Prozesse, Strukturen und Ressourcen benötigt das Unternehmen, um seine Leistungen mit dem vorher beschriebenen Nutzenversprechen liefern zu können? Ein Geschäftsmodell beschreibt dabei nicht nur diese Anforderungen, sondern prüft diese auch im Hinblick auf Realisierbarkeit und Effizienz.

Drittens definiert ein Geschäftsmodell das Ertragsmodell (Value Capture), um sicherzustellen, dass die Leistungen mit ihrem Nutzen bei der beschriebenen Leistungserstellung auch profitabel sind. Dazu gehört die Beschreibung der Ertragsmechanik mit Themen wie der Preisgestaltung, Vergütungsstruktur (z. B. Abonnements) und Zahlungssysteme (z. B. Kreditkarte, Edifact, Blockchain).

Praxis

In der Praxis haben sich dank digitaler Technologien und moderner Managementmethoden an vielen Stellen neue Geschäftsmodelle etabliert. Nicht alle sind dabei von Anfang an disruptiv. Manche der Geschäftsmodelle basieren beim Start auf etablierten Ansätzen wie beispielsweise der Online-Buchhandel, der auf dem traditionellen Buchhandel beruht und zuerst »lediglich« auf den Absatzkanal Internet wechselte. Die eigentliche Problemlösung in Form des Verkaufs von Büchern sowie das Ertragsmodell mit Buchpreisbindung wurde anfangs nicht geändert. Erst mit der Zeit entwickelten dann Anbieter wie Amazon zu der klassischen Problemlösung des Buchverkaufs noch weitere Leistungen wie Kaufempfehlun-

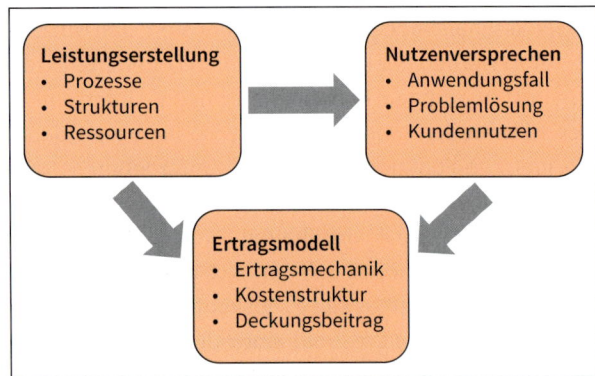

Abb. 3.10: Grundzüge eines Geschäftsmodells

gen, Wunschlisten, der Versand an Freunde oder gar der Versand am gleichen Tag.

Ein zweites Beispiel für neuartige Geschäftsmodelle, die auf etablierten Modellen beruhen, ist **Mass Personalisation** bzw. **Mass Customisation**. Ein Beispiel hierfür bietet die Firma Adidas: Zusammen mit dem Mittelständler Oechsler Motion GmbH betreibt Adidas seit Dezember 2015 im fränkischen Ansbach die Adidas Speedfactory. Während eine Strickmaschine zunächst den Stoff für die Oberfläche der Schuhe herstellt, der dann von einem Laser zugeschnitten wird, erfolgt die Sohlenproduktion aus dem 3-D-Drucker. Eine weitere Maschine schweißt dann Oberteil und Sohle zusammen (www.adidas-group.com).

Diese kundenindividuelle Massenproduktion mit den vorher beschriebenen Losgrößen 1 verbindet die Vorteile der Skaleneffekte und der Automatisierung mit dem Wunsch der Kunden nach individuell zugeschnittenen Lösungen entsprechend ihrer eigenen Bedürfnisse. Gerade diese Kombination öffnet Unternehmen die Chance, gleichzeitig digitaler Kosten- als auch Nutzenführer zu werden. Die Leistungen werden zu identischen oder nur geringfügig höheren Kosten im Vergleich zu Standardleistungen erstellt, bei gleichzeitiger Umsetzung individueller Wünsche wie Designmerkmale, Passformen oder Inhaltsstoffe. Basis dieser Geschäftsmodelle sind digitale Technologien wie das 3-D-Printing, Künstliche Intelligenz, Big Data und die Vernetzung zwischen Menschen und Maschinen. Die Mass Personalisation vollzieht sich meistens just in time, sodass Lagerkosten gespart werden, während die Individualisierung dem Preiskampf bei Standardprodukten ausweicht. Entwicklungen wie die Mass Personalisation erlauben die Rückführung ehemals ins Ausland verlagerter Produktionen zurück nach Deutschland, Österreich oder der Schweiz. Mit einem Schlag schaffen sie Kosten- und Nutzenvorteile nicht nur in ihren etablierten Branchen, sondern auch für ihre lokalen Wirtschaftsstandorte.

Andere Unternehmen entwickeln vollkommen neue Geschäftsmodelle, die nicht auf einer bereits etablierten Industrie basieren. Hierzu zählen beispielsweise die beiden Carsharing-Anbieter DriveNow oder car2go, bei denen man ein Auto für sehr kurze Fahrten in diversen Großstädten nutzen kann, ohne jedes Mal einen neuen Mietvertrag unter Vorlage aller Dokumente abschließen zu müssen. Auch der Musikstreaming-Dienstleister Spotify entwickelte ein neuartiges Geschäftsmodell, bei dem der Abonnent mittels einer monatlichen Gebühr Zugriff auf ein Maximum an Musikstücken hat. **Abonnements** (wie bei Microsoft 365, Salesforce oder Amazon

Prime) sind generell eine wiederbelebte, pfiffige Vergütungsstruktur, die neue Ertrags- und Geschäftsmodelle eröffnet. Weitere moderne Vergütungsstrukturen sind Pay-per-Use (also nutzungsabhängige Gebühren), Razor-and-Blade (günstige oder sogar kostenlose Einstiegsvarianten mit teuren Add-ons), Auktionen (wie bei Ebay), Revenue Sharing (Beteiligung Dritter an den Einnahmen wie z. B. Multiplikatoren bzw. Affiliates) sowie Hidden Revenues (z. B. kostenlose Online-Angebote, die durch den Verkauf der Kundendaten refinanziert werden).

Vollkommen neue, mehr oder weniger digitale Geschäftsmodelle, die die Grundstrukturen und die Wettbewerbsregeln ihrer Branche verändert haben, gab es auch schon in der Vergangenheit: Das schwedische Möbelunternehmen IKEA lagerte mit seinen Produkten wie Billy & Co. einen Teil der Wertschöpfung zum Kunden aus (Transport und Zusammenbau), während der Hardwarelieferant Dell mittels eCommerce auf den Zwischenhandel verzichtete und ein Build-to-Order-Verfahren in der Produktion einführte.

In der Praxis haben sich zur Moderation eines gemeinsamen Verständnisses des aktuellen sowie möglicher neuer Geschäftsmodelle der Einsatz von Canvas-Methoden (dt.: Leinwand) auf Metaplanwänden oder Whiteboards etabliert. Eine eigene Methode der Autoren dieses Buches ist die **Corporate Management Canvas** (CMC) mit guten Erfolgen aus einer Vielzahl von Coaching- und Beratungsprojekten.

In der Betrachtung der einzelnen CMC-Felder werden vorhandene Organisationsstrukturen, Prozesse, Stakeholder und Trends kritisch hinterfragt. Die CMC startet mit der Betrachtung der Value Proposition (Nutzen-Versprechen) eines Unternehmens oder Unternehmensbereiches (z. B. Abteilung, Projektteam, Standort oder Warengruppe). Danach untersucht sie die Art und Intensität der Kundenbeziehung (wie die Kommunikation, den Vertrieb und die Distribution) sowie die (Bestands- *und* Nicht-)Kunden nach ihren unterschiedlichen Beweggründen, Wünschen und Leistungsanforderungen.

Auf der rechten Seite der Corporate Management Canvas (siehe Abbildung 3.11), die zusammenfassend den Mehrwert für den Kunden untersucht, folgt in der Moderation die linke Seite der CMC mit dem Fokus auf die für die Mehrwerte nötige Leistungserstellung. Hierzu zählt die Analyse der Prozesse (Produktions-, Führungs- und Unterstützungsprozesse), der Organisation (Struktur, Kultur) sowie der zentralen Ressourcen an Finanzen (Selbstfinanzierung, Beteiligungsfinanzierung, Kreditfinanzierung etc.) und Personen (Mitarbeiter, Lieferanten, Handels- oder Finanzpartner und Dienstleister). All diese Themen

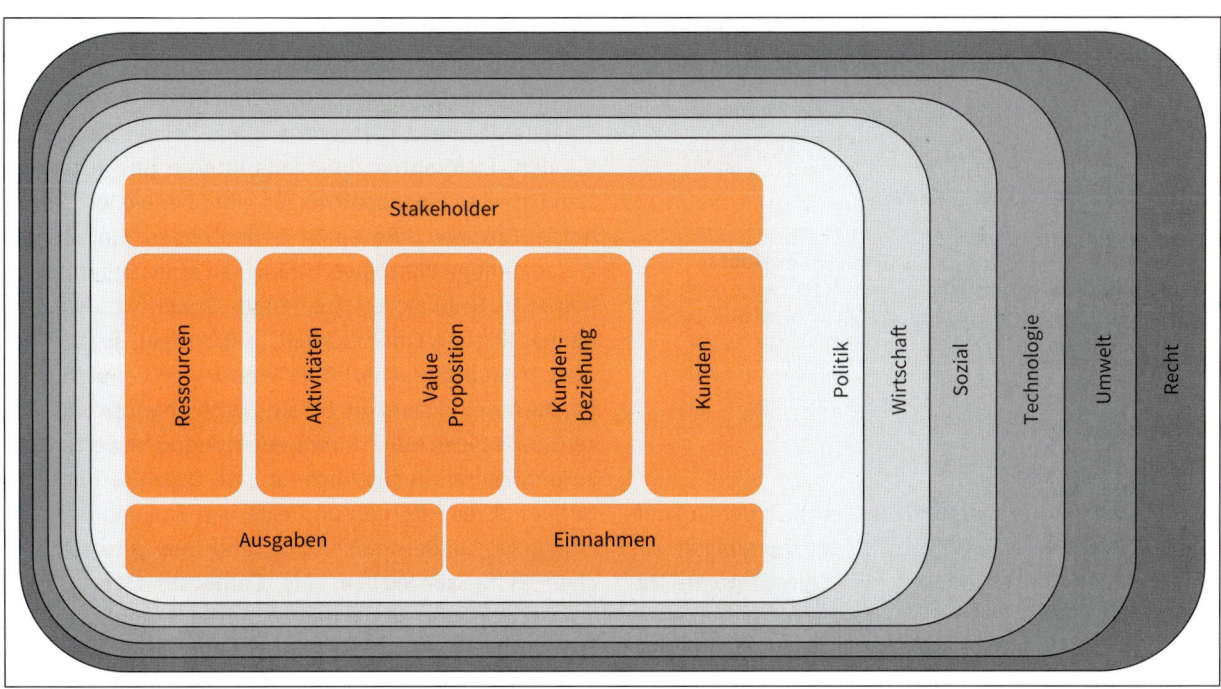

Abb. 3.11: Corporate Management Canvas

Digitale
Trans-
formation

Digitali-
sierung

Business

Change

werden zur Erstellung der gesamten Leistung benötigt, vor allem aber zur Umsetzung der Value Proposition.

Hintergrund

Corporate Management Canvas

Die Corporate Management Canvas ist eine Weiterentwicklung der von vielen Trainern verwendeten **Business Model Canvas** von Alexander Osterwalder. Seine neun Felder umfassen die Schlüssel-Partner, Schlüssel-Ressourcen, Schlüssel-Aktivitäten, Nutzen-Versprechen (Value Proposition), Kunden-Beziehungen, Vertriebs- und Kommunikationswege, Kunden-Arten, Kosten sowie Einnahmequellen (Osterwalder u. a. 2016).

Die Digitale Transformation soll bekanntlich der (zukünftigen) Wettbewerbsfähigkeit sowie der Rentabilität des Unternehmens dienen. Daher schließt die Corporate Management Canvas mit den beiden unteren Feldern »Ausgaben« und »Einnahmen«. Bei den Ausgaben werden die unterschiedlichen Kosten nach ihrer Art, Höhe und Häufigkeit ebenso analysiert wie die verschiedenen Arten der Verschwendung aus dem Kapitel zur operativen Exzellenz. Auf der Einnahmenseite werden die Einnahmenarten (wie z. B. Festpreis, Pay-per-Use, Abonnement), Zahlungsziele, Rabatte und Chancen auf Preiserhöhungen (z. B. aufgrund der Aufteilung einer Leistung in einen Produkt- und einen separat vergüteten Servicebereich) geprüft.

Die bisherige Analyse berücksichtigte bereits erste Stakeholder des Unternehmens wie beispielsweise die Kunden, Lieferanten (ebenfalls interne und externe!), Handels- und Finanzpartner. Es gibt aber weitere Stakeholder-Gruppen, die einen bedeutenden Einfluss auf die zukünftige Wettbewerbsfähigkeit einer Organisation haben. Ob Regulatoren (z. B. Politik, Gewerkschaften, Verbände, Kirche), Öffentlichkeit (z. B. Presse, soziale Medien, Meinungsmacher) oder Wettbewerb – ihnen allen gilt die Aufmerksamkeit. Sie sind nach Chancen und Nutzen sowie hinsichtlich ihrer Bedeutung zu bewerten und zu priorisieren. Schließlich ist eine Organisation nicht nur von ihren internen und externen Stakeholdern abhängig ist, sondern auch von Trends aus unterschiedlichen Einflussbereichen. Die Corporate Management Canvas orientiert sich dabei an den sechs Einflussbereichen der sogenannten **PESTEL-Analyse** gemäß der Themenkreise Politik (Politics), Wirtschaft (Economy), Soziales (Social), Technologie (Technology), Umwelt (Ecology) und Recht (Legal).

Die Corporate Management Canvas stellt eine ganzheitliche Betrachtung des Unternehmens, des Stakeholder-Umfeldes und der Umweltfaktoren (Trends) dar. Sie dient dazu, eine vorhandene Organisation zu verstehen und Anknüpfungspunkte für Verbesserungen, Erweiterungen oder Disruptionen von Prozessen, Produkten und Geschäftsmodellen zu identifizieren. Erst diese ganzheitliche Betrachtung fokussiert die Ressourcen eines Unternehmens auf die elementaren Innovations- sowie Transformationsthemen. Sie schafft Transparenz über interne und externe Bedürfnisse, Herausforderungen, Entwicklungen, Schwierigkeiten und Chancen.

Konsequenz

Aus der Erfahrung mit weiterentwickelten oder vollkommen neuen Geschäftsmodellen lassen sich vier zentrale Konsequenzen ziehen: die Substitution, die Disruption, die Größenregression und die Disintermediation. Unter **Substitution** versteht man in der Wirtschaft die Auswechslung oder den Austausch einer bisherigen Lösung (Produkt, Dienstleistung, Prozess etc.) durch eine alternative Lösung, die den gewünschten Effekt (z. B. Bedürfnisbefriedigung, Produktionsleistung) mindestens genauso gut umsetzt wie die ursprüngliche Lösung. So schrieb man noch vor 30 Jahren Briefe mit der Schreibmaschine, bevor diese durch Computer und Tastatur ersetzt wurde. Dabei kam es nicht nur zu einer Substitution des Schreibgerätes, sondern auch zur Auswechslung der Kommuni-

kationsform selbst. Denn aus gewöhnlichen Briefen wurden E-Mails. Eine weitere Stufe der Substitution folgte durch neuartigen Anwendungen wie WhatsApp. Auch die Tastatur des Computers erlebt aktuell selbst eine Substitution. Anwendungen wie Amazon Echo (Alexa), Apples Siri oder digitale Assistenten wie Amelia kommunizieren mit dem Anwender über Sprachbefehle und Mikrofone. Die digitale Welt der Kommunikation unterliegt dauerhaft Substitutionen.

Die Substitution ist einer der drei führenden Kräfte des Wettbewerbs. Neben etablierten Konkurrenten und neuen

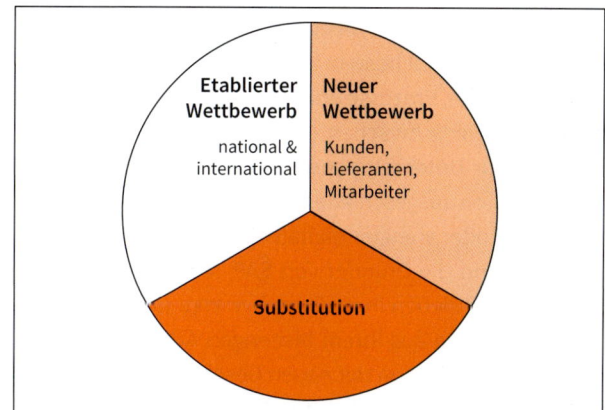

Abb. 3.12: Kräfte des Wettbewerbs

Wettbewerbern bilden Substitutionen eine dauerhafte Gefahr für die Wettbewerbsfähigkeit einer Organisation. Substitutionen wirken dabei nicht nur an sich schon als Wettbewerbskraft, sie unterstützen zudem neue Wettbewerber, sich schneller, kostengünstiger und kundenorientierter am Markt zu etablieren. Solche neuen Wettbewerber kommen aus den Reihen bisheriger Kunden, Lieferanten, Mitarbeiter oder Dritter (z. B. Investoren, Hochschulen).

Spannend sind immer mehr die früheren eigenen Mitarbeiter, die sich zu neuen Wettbewerbern entwickeln. Gerade die digitalen Möglichkeiten erleichtern es erfahrenen Mitarbeitern, ihre eigenen Ideen auch losgelöst vom bisherigen Arbeitgeber umzusetzen. Damit werden sie zu Wettbewerbern mit bestem Wissen über die Kunden, Leistungsangebote, Prozesse und Strukturen, aber besonders auch über die Schwächen des bisherigen Arbeitgebers. Beispiele für Unternehmensgründer, die aus etablierten Unternehmen ausgeschieden sind, weil sie dort ihre eigenen (mehr oder weniger digitalen) Ideen nicht umsetzen konnten, sind die Gründer von SAP, Motel One und Red Bull. Sie alle blieben ihren Branchen treu und gründeten mit dem Wissen aus ihrem bisherigen Arbeitsumfeld erfolgreich neue Firmen mit neuen Geschäftsmodellen.

Eine zweite zentrale Konsequenz aus neuen Geschäftsmodellen sind **Disruptionen**, die etablierte Märkte durcheinandermischen. Als Disruption (Unterbrechung, Störung, Erschütterung) bezeichnet man eine bahnbrechende radikale Innovation, die die bestehenden Produkte, Dienstleistungen, Geschäftsmodelle, Prozesse oder Technologien vollständig verdrängt. Viele Firmen versuchen erst gar nicht, disruptive Lösungen auf der Basis neuer Technologien und Trends oder zukünftiger Kundenbedürfnisse zu erarbeiten. In der Sprache der Kosten-/Nutzenführer formuliert: Sie ruhen sich auf ihren (Kosten- oder Nutzen-)Erfolgen der Vergangenheit aus oder fühlen sich gewissermaßen wohl im Sumpf der Vergleich- und Austauschbarkeit. Anders die jungen Firmen, die Start-ups: Aufgrund ihrer Unbekümmertheit, der Kenntnis von Mängeln und Lücken vorhandener Strukturen und Sortimente sowie der Gruppendynamik kleiner, neu zusammengesetzter Einheiten zielen Firmengründungen eher auf disruptive Innovationen als auf reine Verbesserungen.

Disruptive Innovation

Der Begriff der disruptiven Innovation geht auf Clayton Christensens Buch »The Innovator's Dilemma« zurück (Christensen 1997/2016). Christensen unterscheidet dabei »Sustaining-« und »New-Market-Innovationen«. Während die Sustaining-Innovationen darauf zielen, die eigene Marktposition gegenüber schon vorhandenen Kunden zu erhalten, schaffen disruptive Innovationen auf zwei Arten neue Märkte: Erstens erreichen sogenannte »Low-End-Disruptionen« in etablierten Märkten durch reduzierte Leistungsangebote jene Käuferschichten, die keine hohen Erwartungen in die Produktangebote haben und/oder die vorhandenen, hochwertigen Angebote nicht (mehr) zu zahlen bereit sind. Zweitens benennt Christensen mit sogenannten »New-Market-Disruptionen« jene Innovationen, die neue Käufergruppen erreichen. Während Low-End-Disruptionen in vorhandenen Märkten grundsätzlich kaufinteressierte, aber preissensible Kunden mittels reduzierter Leistungen und Preise ansprechen, erreichen New-Market-Disruptionen bisherige Nicht-Kunden.

den Wettbewerbern) erreicht werden. Mit anderen Worten: Während sich etablierte Unternehmen besonders um ihre etablierten Kundengruppen kümmern, vernachlässigen sie die Wünsche und Nachfragepotenziale sowohl der preissensiblen wie auch der bisher gar nicht als Nutzer gewonnenen Kundengruppen. Doch gerade hier liegt das Potenzial für Disruptionen.

Wer nämlich sein Geschäftsmodell auf diese beiden letztgenannten Kundengruppen ausrichtet, ohne dabei seine Bestandskunden direkt zu verscheuchen, kann nicht nur neue Märkte (sogenannte »Blue Oceans«) gewinnen, sondern langfristig seine traditionelle Kundengruppe dank Preis- und/oder Nutzenvorteile erneut an

Um Disruptionen bzw. genauer »disruptive Innovationen« zu erreichen, reicht es nicht aus, sich an anspruchsvollen Bestands- bzw. Premium-Kunden zu orientieren! Die Anregungen und Wünsche dieser Kundengruppe führen zwar zu Verbesserungen und Erweiterungen des bisherigen Leistungsangebotes, doch nicht zu bahnbrechenden Veränderungen. Hierzu sollte man sich lieber an den Bedürfnissen (Pains und Gains) der preissensiblen, »Low-End-Kunden« oder gar an jenen Nicht-Kunden orientieren, die bisher von keinem Anbieter (also auch nicht von

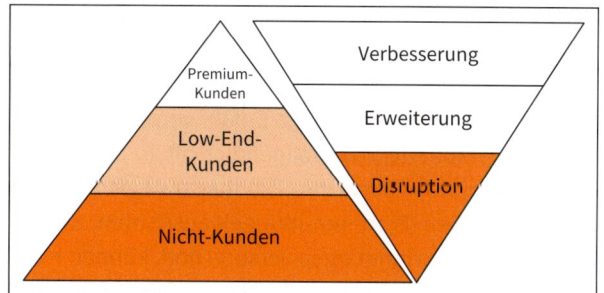

Abb. 3.13: Zielkunden für Disruptionen

sich binden. Hier gilt das Motto: »Lieber kannibalisiere ich mich selbst, als dass dies durch einen Wettbewerber geschieht«.

Blaue Ozeane

Der Begriff der blauen Ozeane (»Blue Oceans«) stammt von W. Chan Kim und Renée Mauborgne von der französischen INSEAD Business School (Chan Kim/Mauborgne 2004). Als blaue Ozeane bezeichnen die Autoren jene unberührten Märkte (z. B. Regionen, Zielgruppen, Branchen, Kaufmotive), in denen bisher wenig bis gar kein Wettbewerb stattfindet. Umgekehrt sind rote Ozeane mit Wettbewerbern überfüllte, gesättigte Märkte. Da hier alle jeweils die gleichen Leistungen anbieten, kommt es zu reinen Verdrängungswettbewerben mit Preiskämpfen inklusive des Verlustes an Rentabilität sowie zu Fusionen und Übernahmen.

Doch gerade diese nachhaltige Gefahr von Disruptionen erkennen etablierte Marktteilnehmer oft zu spät. Während etablierte Anbieter ihre Produktstrategien an den anspruchsvollen (Premium-)Kunden ausrichten, welche auch höhere Gewinnmargen versprechen, können neue Marktteilnehmer mittels disruptiver Innovationen die preissensiblen »Low-End-Konsumenten« oder die bisherigen Nicht-Kunden ansprechen. Für die etablierten Anbieter stellen diese disruptiven Innovationen zuerst keine wahrnehmbare Bedrohung dar. Sobald jedoch die eigene, bisher anspruchsvolle Kundschaft anfängt, sich ebenfalls für die neuen Technologien oder Geschäftsmodelle zu interessieren, ist es für eine Gegenreaktion der etablierten Anbieter häufig zu spät. Klassische Beispiele für das Übersehen einer disruptiven Bedrohung waren die frühe Ablehnung der – anfangs qualitativ minderwertigen – Flachbildschirme durch den hochpreisigen Multimedia-Anbieter Loewe oder das Zögern des Warenhausbetreibers und Versandhändlers KarstadtQuelle gegenüber dem Online-Shopping. Beide Unternehmen hatten zwar die neuen Trends rechtzeitig identifiziert, aber diese zu spät für das eigene Geschäftsmodell adaptiert.

Und wie hilft hier die Digitale Transformation? Gerade die Verbindung von Digitalisierung, Industrie 4.0 und Produktionstechniken wie 3-D-Druck erlaubt es auch kleineren Unternehmen, mittels disruptiver Innovationen simultan Kosten- *und* Nutzenführer zu werden. Ob als Automotivzulieferer, Maschinenbauer, Nahrungsmittelhersteller oder Planungsbüro – bei den neuen Technologien und Verfahren dominieren nicht mehr zwangsläufig die großen Marktteilnehmer, sondern jene, die am schnellsten und effektivsten die Trends zu ihrem eigenen Vorteil zu nutzen wissen. Besonders Start-ups, aber auch etablierte mittelständische (Familien-)Unternehmen können ihre Innovationskraft und konsequente Umsetzungsstärke bei dieser Entwicklung einsetzen. Denn es braucht weniger Größe, sondern vielmehr Willen und Flexibilität, um die Innovationsmöglichkeiten, die sich aus disruptiven Änderungen ergeben, als Chance zu nutzen.

Dies führt uns sogleich zu einer dritten Konsequenz in diesem Zusammenhang: Dem Effekt der **Größenregression**. Mit der Digitalen Transformation bekommt ein bekannter Lehrsatz aus Charles Darwins (1808-1882) Evolutionstheorie eine weitere Bedeutung: »Es ist nicht die stärkste Spezies, die überlebt, nicht die intelligenteste, es ist diejenige, die sich am ehesten dem Wandel anpassen kann«. Gerade kleine und mittelständische Unternehmen (kurz: KMU) – unter der Leitung von nachhaltig orientierten, modernen Unternehmensführungen – beweisen häufig, dass sie die Chancen der Digitalen Transformationen schneller und kompetenter aufgreifen und umsetzen als so manches Großunternehmen.

Früher galt eher das Prinzip der Größe. Begründet wurde dies mit dem Bedarf an Mengeneffekten und der Kostendegression, nach der die Stückkosten mit zunehmender Produktionsmenge sinken, weil sich die fixen

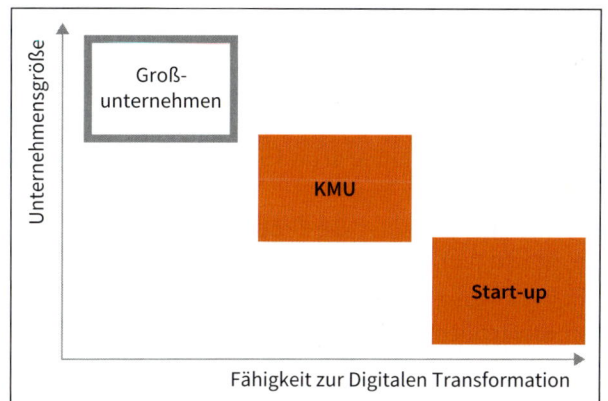

Abb. 3.14: Größenregression und Digitale Transformation

Kosten auf eine größere Menge verteilen. Weitere Gründe für den Aufbau von Großunternehmen waren der Verdrängungswettbewerb sowie die Attraktivität von Marktanteilen und Marktgröße gegenüber Kunden, Arbeitnehmern, Banken und der Politik. Doch diese Gründe verlieren in Zeiten der Digitalen Transformation immer mehr an Bedeutung: Start-ups sind mindestens genauso attraktive Arbeitgeber wie früher Großunternehmen. Allerdings gilt auch bei der Größenregression der schon beschriebene Netzwerkeffekt. Kleinere Unternehmen sind nur dann Nutzenführer in der digitalen Welt, wenn sie eine gewisse Verbreitung, also Bekanntheit und Akzeptanz, generiert haben. Oder anders gesagt: Wer benötigt Facebook, wenn dort nicht die Mehrzahl der Freunde und Bekannte zu finden sind?

Was aber bedeutet die Größenregression für heute schon etablierte Großunternehmen? Großunternehmen mit ihrer häufig anzutreffenden starren Struktur mit klaren Hierarchien, Stellenbeschreibungen, eingefahrenen Prozessen und informellen Schattenorganisationen lebten in der Vergangenheit aufgrund ihrer schieren Größe ziemlich gut. Obwohl ihre eigentlichen Leistungsangebote oft nur dem Durchschnitt, also dem Sumpf der Vergleichbarkeit und Austauschbarkeit entsprachen, führte ihre Dominanz auf dem Kunden-, Lieferanten- und Mitarbeitermarkt zu einer Quasi-Nutzenführerschaft. Nachdem nun die reine Größe keinen Vorteil mehr bietet, benötigen Großunternehmen neue Führungs- und Organisationsmodelle, um sich gegenüber flexibleren und wendigeren Wettbewerbern zu behaupten. Hier helfen Ansätze wie die Aufspaltung in marktorientierte Geschäftseinheiten, agile Führungs- und Projektmanagementmethoden, die Einführung der Holokratie mit autonomen, selbststeuernden Teams sowie ein neues Rollenverständnis zwischen Führungskräften und Experten. Diese Ansätze werden im Kapitel Change ausführlich beschrieben.

Gesetz zum Bürokratiewachstum

Schon 1955 veröffentlichte Cyril Northcote Parkinson das nach ihm benannte Gesetz zum Bürokratiewachstum. Es lautet: »Arbeit dehnt sich in genau dem Maß aus, wie Zeit für ihre Erledigung zur Verfügung steht.« Unabhängig von angestrebten Zielen scheinen Systeme eine innere Tendenz zum Wachstum, aber nicht zu mehr Effizienz und Flexibilität zu haben. Oder mit anderen Worten: Organisationen werden immer größer, weil jeder Chef möglichst viele Mitarbeiter unter sich haben will bzw. jeder Mitarbeiter aufzeigt, wie schwer er regelmäßig überlastet ist. Doch bereits der preußische Militärwissenschaftler Carl von Clausewitz nannte in seinem grundlegenden Strategiekonzept zur Kriegsführung die »Überlegenheit der Zahl«, also die mögliche Überlegenheit einer Armee dank ihrer Größe, eine gescheiterte Theorie. Vielmehr müsse es ein Kriegsherr verstehen, auf ständige Ungewissheiten und Unsicherheiten flexibel, mutig und konsequent zu agieren.

Ein vierter Trend der Digitalen Transformation im Zusammenhang mit neuen Geschäftsmodellen ist die sogenannte **Disintermediation** oder das Verschwinden bisheriger Zwischenhändler. Aufgrund der schon diskutierten

Wettbewerbskräfte können Lieferanten mittels digitaler, globaler Vernetzung ihre Produkte viel leichter direkt an ihre Endkunden und Nutzer unter Ausschaltung des bisherigen Zwischenhandels verkaufen. Unternehmen aus der Computerindustrie (wie Apple und zuerst Dell), Textilindustrie (wie Adidas) oder der Nahrungsmittelindustrie (wie MyMuesli) zeigen, wie man die Margen des Handels einsparen und gleichzeitig an die Verbraucherdaten kommen kann.

Weitere Branchen, die in Zukunft von dem Effekt der Disintermediation betroffen sein werden, sind Banken (als Zwischenhändler von Finanzprodukten), Immobilienmakler (als Zwischenhändler von Miet- und Kaufobjekten), Großhändler (für PKW-Ersatzteile, Baustoffe, Pharmazeutika etc.) oder Rechtsanwälte (als Zwischenhändler von Vertragsentwürfen). Sie alle müssen im Rahmen der Disintermediation neue Geschäftsmodelle identifizieren und etablieren. Ansonsten werden sie über kurz oder lang vom Markt überrollt und in ihrer Existenz signifikant bedroht.

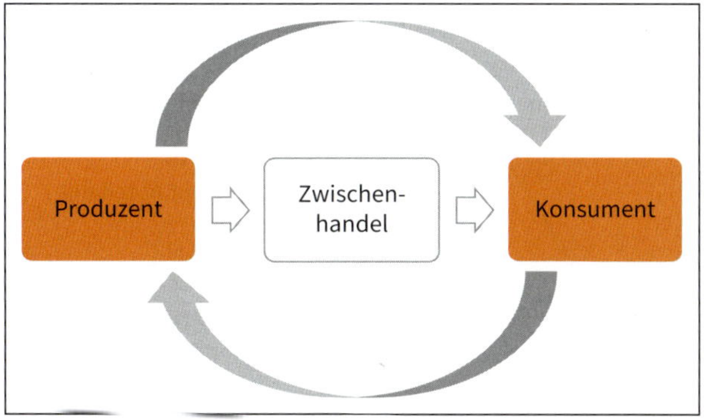

3.2 Roadmap der Digitalisierung

Definition

Es gibt verschiedene Wege, um die Digitalisierung in einem Unternehmen voranzutreiben. So manches Großunternehmen sieht in der Gründung externer »Labore« (oder Garagen, Start-ups etc.) die einzige Möglichkeit, das Unternehmen in die Digitale Transformation zu überführen. Andere diskutieren bzw. realisieren den Einsatz eines Chief Digital Officers (kurz: CDO), um die Trägheit etablierter Strukturen zu überwinden und die Digitale Transformation voranzutreiben. Sowohl die Gründung neuer Firmen als auch die Schaffung weiterer (Stabs-) Stellen haben gemeinsam, dass die Organisationen die

Abb. 3.15: Disintermediation

Schwerfälligkeit bzw. Ignoranz ihrer etablierten Fachbereiche gegenüber der Digitalen Transformation fürchten oder diese bei früheren Veränderungsprojekten real gespürt haben.

Grundsätzlich lassen sich die (organisatorischen) Impulse zur Veränderung in intrinsische und extrinsische unterscheiden. Intrinsisch, also von innen herkommend, sind die organisationsinternen Ansätze zu Veränderungen. Dabei gelingt es Organisationseinheiten aus eigenem Antrieb, die Digitalisierung als Chance für operative Exzellenz, gesteigerte Kundenerfahrungen oder als Basis für neue Geschäftsmodelle zu nutzen. Die Mitarbeiter erkennen – auch dank zielorientierter Impulse diverser interner oder externer Promotoren – selbst den Bedarf für Veränderungen und gehen diese mit eigenen Ideen und Ausdauer an.

Extrinsisch bedeutet: von außen kommend, von außen her angeregt und nicht aus eigenem Antrieb erfolgend. Hier bedarf es neuer Stellen, Personen oder der Gründung neuer Organisationseinheiten bzw. Unternehmen. Die internen Mitarbeiter werden nur noch am Rande in den eigentlichen Prozess der Veränderungen involviert. Vielmehr sind sie Betroffene oder gar Leidtragende der Veränderungen.

Praxis

In den letzten Jahrzehnten konnten die Autoren dieses Buches in der Praxis immer wieder sechs unterschiedliche Organisationsansätze (sogenannte Roadmaps) für die Digitale Transformation beobachten. Den theoretischen Unterbau und erste Darstellungen zu vier der nun folgenden sechs Ansätze haben Frederic Laloux und sein Illustrator Etienne Appert in dem noch recht neuen Buch »Reinventing Organisation« treffend dargestellt (Laloux 2016).

In der Abbildung 3.16 dient eine einzelne Organisationseinheit als Testlabor für eine Veränderung: Seien es neue Leistungen, Prozesse oder Strukturen – hier studiert eine Einheit neue Möglichkeiten der Operational Excellence und/oder Customer Experience und deren Auswirkungen. Als überschaubare Trendsetter-Abteilung wer-

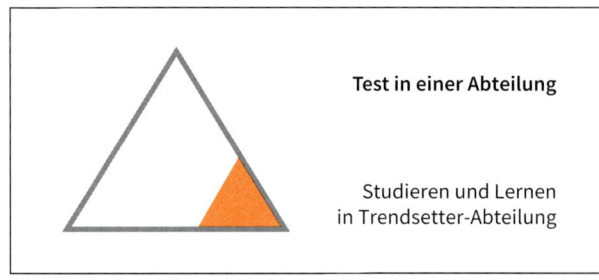

Abb. 3.16: Test in einer Abteilung

den alle Teammitglieder mit ihren Kompetenzen, aber auch Bedürfnissen und Sorgen (mehr oder weniger) in das Projekt integriert, was zu einer erhöhten Fachkompetenz des Projektteams und positiven Gruppendynamiken führen kann. Zügig können Arbeitsschritte und Zwischenergebnisse identifiziert und abgestimmt werden, was die Komplexität, Kosten und möglichen Risiken reduziert. Vorhandene Hierarchien und Beziehungsstrukturen werden genutzt bzw. nicht gestört, was ansonsten häufig Konfusionen, Missverständnisse und Ängste auslösen kann. Obwohl die Möglichkeit besteht, verschiedene Initiativen parallel in unterschiedlichen Abteilungen zu starten, wird das gesamte Unternehmen nicht gleich überfordert. Bei Problemen oder gar Misserfolgen kann der Transformationsprozess zudem leichter unterbrochen oder gestoppt werden.

Demgegenüber kann der Ansatz von Tests in einer Abteilung zu Abteilungsegoismus oder -blindheit und Insellösungen führen. Aufgrund von sogenannten »Abteilungs-Fürstentümern« und Silo-Denken werden Erfahrungen nicht ausgetauscht oder es kommt zu Neid und Eifersucht nach den Mottos »Immer die gleichen …« bzw. »Die haben Budgets, wir nicht«. Eines der zentralen Dauerprobleme jeglicher Projektarbeit ist außerdem das parallel stattfindende Tagesgeschäft. Bei einem Test in einer

Abteilung leidet entweder das Tagesgeschäft unter der spannenden Projektarbeit oder die Projektarbeit unter dem unausweichlichen Tagesgeschäft. Beides verursacht häufig Produktivitätsverluste, erhöhte Kosten und Demotivation. Selbst positive Ergebnisse am Ende der Tests können nicht unbedingt für alle anderen Organisationseinheiten als Vorbild gelten, da (bisher) keine abteilungsindividuellen Anforderungen der übrigen Organisationseinheiten berücksichtigt wurden. Dieser Ansatz korreliert zudem nicht mit jenen Projektideen, die auf interdisziplinären Teams mit Vertretern aus unterschiedlichen Organisationseinheiten beruhen.

Hier hilft der Ansatz von **bereichsübergreifenden Experimenten** mit der offenen Einladung an alle Mitarbeiter eines Unternehmens zur Partizipation. Aufgeschlossene

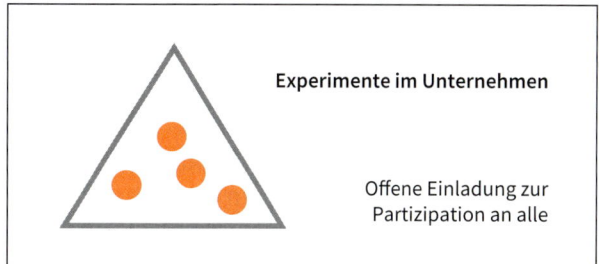

Abb. 3.17: Experimente im Unternehmen

Mitarbeiter (wie die in Kapitel 4.1. beschriebenen Visionäre oder frühen Förderer) interessieren sich für die Chancen des technischen Fortschritts und der Digitalisierung. Sie beobachten die Trends des Käufer- und Wettbewerberverhaltens, Entwicklungen zur Prozessoptimierung sowie des sozialen und rechtlichen Umfeldes. Wie Leuchttürme zeigen sie allen anderen die Möglichkeiten des Fortschritts, aber auch die Gefahren des Stillstands.

Bündelt man nun einige dieser »Leuchttürme« zu interdisziplinären Teams, dann führen abteilungsübergreifendes Denken und Handeln zu Verbesserungen oder gar Disruptionen. Die gebündelte Fachkompetenz und Motivation der Teammitglieder öffnet die Chancen auf breitere Lösungsansätze, einen Blick aufs Ganze und schnelle Ergebnisse (Quick Wins). Auch hier können verschiedene Ansätze mit unterschiedlichen Personengruppen parallel gestartet und gesteuert werden. Quasi als »virale« Strategien schaffen positive Ergebnisse den Nährboden zur Überzeugung möglicher Kritiker, Bremser und Blockierer.

Aber wie immer hat jeder Ansatz zwei Seiten: Es sind meist stets die gleichen Personen, die Ideen für Veränderungen und Innovationen anstoßen bzw. diese frühzeitig aufgreifen und umsetzen. Gerade diese an Innovationen interessierten Leistungsträger befinden sich oft schon im Dauereinsatz für bereits angestoßene Projekte sowie für das Tagesgeschäft. Sie sind bekannt als motivierte Experten und belastbare Projektteilnehmer. Dies führt nicht selten zu Doppelbelastungen bei den Betroffenen und Eifersucht auf Seiten der übrigen Mitarbeiter. Produktivitätsverlust im Tages- und Projektgeschäft, Akzeptanzprobleme bei den übrigen Mitarbeitern sowie Koordinationsaufwand bei den Führungskräften sind dann die Folge.

Nach der »**20-Prozent-Regel**« dürfen alle interessierten Mitarbeiter 20 Prozent ihrer Arbeitszeit frei für neue Projekte, interessante Themen oder offene Fragen verwenden. Bekannt wurde dieser Ansatz durch Google, wo bis 2013 sogar alle Mitarbeiter einen Tag pro Woche eigenen, frei gewählten Projekten widmen durften. Dadurch entstanden für das Unternehmen beachtliche Entwick-

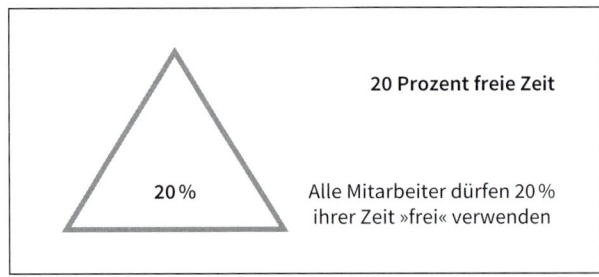

20 Prozent freie Zeit

20 %

Alle Mitarbeiter dürfen 20 % ihrer Zeit »frei« verwenden

Abb. 3.18: 20-Prozent-Regel

lungen, die heute Millionen Menschen nutzen, wie Google Mail, der Google News Reader oder das Chat-Programm Google Talk. Die maximale Freiheit über die Verwendung der selbstbestimmten Arbeitszeit hat Google in der Zwischenzeit dahingehend eingeschränkt, dass die freien Projektzeiten klar auf berufliche Themen zu fokussieren und mit dem Vorgesetzten abzustimmen sind.

Für diesen Ansatz spricht die Einladung an alle interessierten Mitarbeiter zur offenen Einbindung und aktiven Teilnahme an der Digitalen Transformation. Die freiwillige, individuelle Nutzung der Arbeitszeit motiviert zum selbstgesteuerten Arbeiten sowie zum offenen Gedankenaustausch mit Gleichgesinnten. Mittels eines konsequenteren Zeitmanagements kann sie zu einem effizienteren Arbeiten führen, da das Tagesgeschäft trotzdem weiterläuft. Der zeitliche Freiraum fördert im positiven Fall Kreativität und Perspektivenwechsel als Basis für Innovationen im Sinne von Verbesserungen oder gar Disruptionen.

Umgekehrt kann dieser Freiraum Menschen überfordern, weil sie nicht wissen, wie sie mit der freien Zeit umgehen und was sie genau realisieren sollen. Die Doppelbelastung mit dem Tagesgeschäft verführt dazu, die Zeit doch wieder den normalen Aufgaben und Routinethemen zu widmen. Werden die 20 Prozent aktiv für Transfor-

mationsprojekte und ohne ein konsequentes Zeitmanagement verwendet, so fehlen sie beim Tagesgeschäft und führen zu erhöhten Kosten bzw. zu Produktivitätsverlust. Eine weitere Herausforderung ist die Tatsache, dass häufig mehrere Mitarbeiter zusammen in Projekten arbeiten. All diese Personen und ihre freien Zeiten sind zu koordinieren, ohne dass dabei das eigene Tagesgeschäft (z. B. Kundentermine, klassische Aufgaben oder Abstimmungen) leidet. Führungskräfte verlieren bei diesem Ansatz unter Umständen die Kontrolle über die Aktivitäten ihrer Mitarbeiter, was Unsicherheiten auf Seiten der Führungskräfte bis hin zu offenen oder verdeckten Blockadehaltungen bewirken kann.

Bei dem ganzheitlichen **Best Practice** wird eine bestimmte Praxis wie z. B. ein Prozess, eine neue Lösung

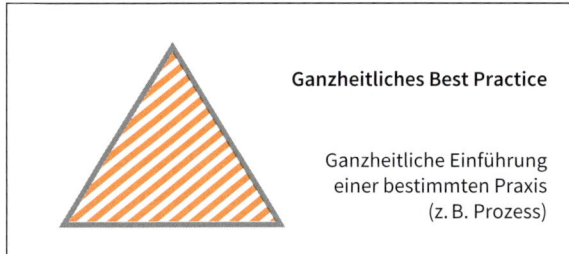

Abb. 3.19: Best Practice

oder Struktur im ganzen Unternehmen gleichzeitig und unternehmensweit eingeführt. Meist handelt es sich dabei um Best Practices, die bereits in einem anderen Unternehmen oder in einem Labor als »Working Solution« vorab ausprobiert und erfolgreich umgesetzt wurde. So konnte ein Standard entstehen, der nun über die Zielorganisation schnell und strukturiert ausgerollt wird. Eine saubere Dokumentation der Best Practice sowie klare Anfangs- und Endzeitpunkte für den Roll Out sind weitere Vorteile.

Ein Nachteil dieser Methode ist hingegen die reduzierte Flexibilität, die verhindert, dass individuelle Bedürfnisse von Organisationseinheiten zum Tragen kommen. Diskussionen um solche Anpassungen werden oft schon früh unterbunden, da sie den Standardansatz behindern. Darunter leidet die Motivation der Betroffenen. Eigenleistungen und individuelle Kreativität werden gar nicht erst gewünscht bzw. unterbunden. Der Best-Practice-Ansatz basiert primär auf schon vorhandenen Lösungen aus dem Markt. Dies bremst Disruptionen und hilft meistens nur bei Lösungen für bekannte Probleme.

Organisationen, die schon in der Vergangenheit viel Widerstand bei Veränderungen erlebt haben, wählen für erneute Transformationsprogramme gerne den Weg der (Aus-)Gründung einer neuen Firma. Innovationen und Veränderungen dürfen hier exklusiv für die ganze Unternehmensgruppe stattfinden. Gerade Großunternehmen wie BMW, Commerzbank oder Telekom verfolgen regelmäßig diesen Ansatz. Das **Future Lab** (auch Garage oder Innovation Lab genannt) genießt die Vorteile eines Start-ups mit motivierten, kompetenten Mitarbeitern sowie der Abwesenheit (noch!) von verkrusteten Organisationsstrukturen, starren Hierarchien und Insellösungen. Hier dürfen neue Lösungen entwickelt und getestet werden, die dann an die Bestandsorganisation übergeben werden.

Diese sogenannte »Out-of-Box«-Kultur erlaubt mit konsequenten Perspektivenwechseln ein breites Denken und Handeln als Basis für mögliche Disruptionen. Ein klarer Fokus aller Aktivitäten, das Fehlen des klassischen Tagesgeschäfts und jeglicher Zwänge aus den alten Strukturen erhöht die Innovationsgeschwindigkeit.

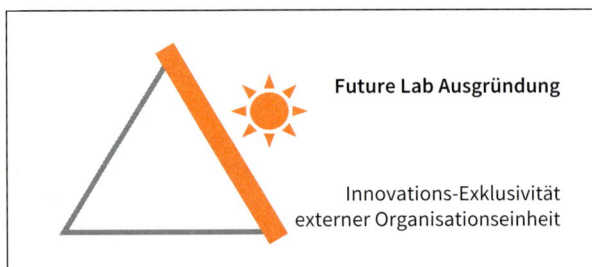

Abb. 3.20: Future Lab

Das Hauptproblem bei Ausgründungen ist die reduzierte Bereitschaft der Bestandsorganisation, Ideen aus dem Future Lab zu übernehmen. Bereits die Exklusivität an Ressourcen, also an Budgets für Innovationen, an Leistungsträgern, Wissen (z. B. Markt- bzw. Technologieentwicklung) und dem Zugang zu Machtpromotoren (z. B. dem Topmanagement), führt häufig zu Neid und Eifersucht bei den Vertretern des Bestandsunternehmens. Häufig kommen dann Sprüche wie »Was die sich alles ausdenken, ohne unser Geschäft zu kennen« oder »Die verbrennen nur Geld, ohne was Nutzbares zu liefern«. Dem Future Lab wird Arroganz und Ignoranz gegenüber der Realität vorgeworfen, während umgekehrt die Bestandsorganisation als faul, starr und träge gilt. Es findet wenig bis gar kein Erfahrungsaustausch zwischen beiden Organisationen statt, sodass der Transfer der innovativen Ideen auf das eigentliche Unternehmen unterbleibt. Zwischen der Bestandsorganisation und der Ausgründung existieren keine bzw. nur wenige Kommunikationskanäle, daher der dicke Balken oder die Mauer zwischen dem Bestandsunternehmen (Dreieck) und dem externen Future Lab in Abbildung 3.20. Am Ende etablieren sich zwei Welten, die kein Interesse an der erfolgreichen Implementierung der Ideen und Anregungen entwickeln.

Ein Sonderfall für das Modell der Ausgründung ist der temporäre Austausch von Mitarbeitern zwischen beiden Organisationen. Dabei werden Mitarbeiter der Bestandsorganisation regelmäßig für einen längeren Zeitraum (beispielsweise neun Monate) an das Future Lab »ausgeliehen«, um dort wichtige Fachkenntnisse aus dem Markt sowie von Prozessen und Technologien einzubringen. Sie entwickeln sich so zu Botschaftern beider Welten und vermitteln zwischen den Partikularinteressen des Labs und der etablierten Organisation. Allerdings existieren auch hier Herausforderungen, wenn die Botschafter nach ihrem Aufenthalt im Future Lab wieder in ihre angestammte Position zurückkommen: Entweder hat bereits jemand anderes die kurzzeitige Vakanz aufgefüllt und es kommt zu einem Wettbewerb um eine Stelle oder der Botschafter hat die Start-up-Kultur in einer Weise übernommen, dass er mit seinem Verhalten und Denken in der Bestandsorganisation zum Außenseiter wird.

Das Modell einer **wachsenden Parallelfirma** ähnelt auf dem ersten Blick der Ausgründung eines Future Labs. Auch hier erfolgt die Gründung einer neuen Unternehmung (Start-up), jedoch mit dem Ziel, dass alle interessierten Mitarbeiter der Bestandsorganisation mit der Zeit sukzessiv in die neue Struktur überwechseln können. Die

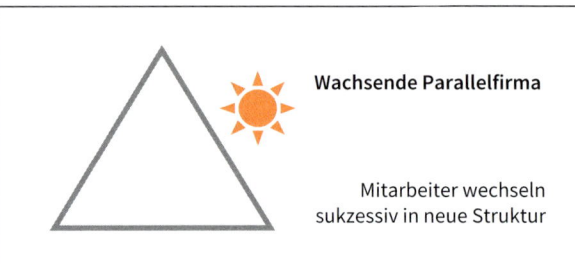

Abb. 3.21: Wachsende Parallelfirma

neue Firma wird als ein innovatives oder sogar disruptives, neues Muster etabliert und somit zum zukünftigen neuen Bestandsunternehmen. Die frühere Firma verliert immer mehr an Bedeutung, bis sie ganz oder zum Teil eingestellt wird. In der Energiewirtschaft findet gerade dieser Ansatz eine hohe Bedeutung, in der junge Unternehmen mit modernen umweltverträglichen Energiequellen (z. B. Photovoltaik, Windkraft) von den Bestandsunternehmen mit klassischen Energien (z. B. Kohle, Atomkraft) abgekoppelt werden.

Vorteilhaft wirkt bei diesem Ansatz – wie beim Future Lab – die klare Trennung zwischen routineorientiertem Tagesgeschäft und der Innovation bzw. Digitalen Transformation. Das neu gegründete Unternehmen beginnt klein, um mit der Zeit (und den sich hoffentlich einstellenden Erfolgen) zu wachsen und sich allmählich als neuer Standard zu etablieren. Alte Strukturen, Hierarchien, Prozesse und Leistungen werden nicht gestört, sondern können parallel zum neuen Unternehmen weiter existieren. Das Neugeschäft profitiert von Cashflow, Bonität und Know-how der alten Firma, ohne für die Mitarbeiter der Bestandsorganisation als direkter Wettbewerber zu gelten. Klappt der Ansatz der neuen, wachsenden Firma nicht oder nur zum Teil, leidet das Altgeschäft wenig bis gar nicht unter dem Misserfolg der neuen Firma.

Zu den Nachteilen zählt wie schon bei anderen Modellen ein Konfliktpotenzial bezüglich der Ressourcen (z. B. Budgets, Personen) und Attraktivität (jung/alt, modern/verstaubt). Der Erfolg der wachsenden Parallelfirma führt zum gewollten »Ausbluten« der Altfirma. Die bisherige Marke kann mit einem möglichen Identitätsverlust für Mitarbeiter, Kunden und Lieferanten gefährdet werden. Nicht jeder Mitarbeiter möchte zudem in die neue Firma wechseln, da sie sicherlich eine andere Kultur entwickelt als die bisher gewohnte. Für die Zeit zweier parallel existierender Firmen entstehen doppelte Kosten für die Geschäftsführung und Administration (z. B. Jahresabschluss).

Konsequenz

Das Kernproblem aller Transformationsprozesse ist die Motivation der Mitarbeiter zu neuen Wegen, Innovationen und Disruptionen. Reale Barrieren wie das Tagesgeschäft mit Kunden, Terminen und Problemen, aber vor allem auch die emotionalen Barrieren, wie sie im nächsten Kapitel ausführlich diskutiert werden, behindern die Bereitschaft, Neues anzugehen und zu probieren. Hier stellt sich die Frage nach dem Sinn der Neugründung einer Firma, in der nur neue bzw. nur die motivierten Leistungsträger der bisherigen Firma mitwirken dürfen.

Gute Erfahrungen haben die Autoren mit jenen Ansätzen gesammelt, bei denen die vorhandenen motivierten Leistungsträger als Leuchttürme, Testanten und Botschafter für neue Wege, Verfahren oder Leistungen aktiv wurden. Mittels ihrer ersten Erfolge motivieren sie andere Mitarbeiter – ganz im Sinne eines **viralen Effekts** – zum Nachfolgen in den Transformationsprozess. An späterer Stelle wird hierzu noch das sogenannte »**Gesetz der Wenigen**« diskutiert. Dieses beschreibt die Tatsache, dass eine Gruppendynamik durch einzelne Personen und nicht durch die Summe aller Beteiligten hervorgerufen wird. Oder mit anderen Worten: Die an Veränderungen Interessierten müssen sich auf einzelne bzw. extreme Meinungsmacher konzentrieren, welche einen asymmetrisch großen Einfluss auf ihr Umfeld haben und einen Wendepunkt (Tipping Point) auslösen können.

Unterstützung können die soeben beschriebenen Ansätze bei (Stabs-)Abteilungen bzw. Stellen finden, die auf die Digitale Transformation spezialisiert sind und die gerne als **Chief Digital Officer** (kurz: CDO), Chief Data Officer (ebenfalls kurz: CDO) oder Evangelisten firmieren. Nur selten werden diese Stellen mit der Leitung der eigentlichen IT-Abteilung verbunden, deren Hauptverantwortlicher eher als Chief Information Officer (kurz: CIO) bezeichnet wird. Mit den CDOs verbindet so manches Unternehmen die exklusive Verantwortung für die Digitale Transformation von der Entwicklung einer Digitalstrategie bis zu deren Umsetzung durch alle (anderen) Fachbereiche.

Gerade diese Exklusivität führt häufig zu großen Barrieren bei der Umsetzung. Alle übrigen Fachbereiche sollen die Ideen der CDOs übernehmen. Selbst wenn die CDOs – mehr oder weniger alibimäßig – im Unternehmen eingebunden waren, so leidet ihre Motivation bei der Implementierung der Digitalen Transformation. Alternativ, und in den Augen der Autoren sinnvoller, ist die Etablierung von Digitalen-Transformation-Managern in den unterschiedlichsten Fachbereichen. Und zwar als Rollen, nicht als Stellen! Sie sind Experten auf dem Weg zur Digitalen Transformation und werden im Kapitel 4.3.2 ausführlich beschrieben.

Das Ziel der Leistungsträger und Digitalen-Transformation-Manager im Unternehmen muss es sein, basierend auf ersten Erfolgen (»Quick Wins«) den (digitalen) Wandel als festen Bestandteil des Alltags und Tagesgeschäfts zu implementieren. Sie leben vor, dass keine zwei Organisationen, Strukturen oder Spielsysteme für die Digitale Transformation benötigt werden, sondern vielmehr ein einziges System, in dem alle Mitarbeiter offen für den Wandel und gleichzeitig konzentriert auf das Tagesgeschäft sind. In einem Interview mit der Haufe-Unternehmensgruppe vertritt John Kotter als bekannter Vordenker des Change Managements die These, dass Unternehmen über ihre klassische Organisation ein zweites, »**duales Betriebssystem**« legen sollten, um agil zu werden (www.haufe.de/personal/hr-management/john-kotter-ueber-agilitaet-unternehmen-brauchen-2-betriebssystem_80_362438.html). Hier können Stabilität und Agilität, Hierarchien und Netzwerke parallel existieren. Die Autoren dieser Publikation können der Empfehlung eines dualen Betriebssystems jedoch nicht zustimmen. In der Beratungspraxis ist es schwer, Hierarchien mit Netzwerkstrukturen zu verbinden. Interessenskonflikte um Ressourcen (Mitarbeiter, Budgets, Zugang zu Machtpromotoren etc.) führen zu Spannungen sowie zu Fehlallokationen von Ressourcen und Machtkämpfen. Besser ist es, in einem »**Single-Betriebssystem**« den Wandel als festen Bestandteil des Tagesgeschäfts zu verankern, wie beispielsweise mittels der Möglichkeit, 10 Prozent der Arbeitszeit für eigene, vielleicht sogar disruptive Projekte der Digitalen Transformation zu verwenden. Meist reichen dafür nämlich 10 Prozent der Arbeitszeit aus (statt 20 Prozent wie bei Google).

In der modernen Literatur wird für ein solches Single-Betriebssystem der Begriff »**Ambidextrous Leadership**« verwendet. Organisationale Ambidextrie beschreibt die Fähigkeit von Organisationen, gleichzeitig effizient im Bestandsgeschäft und innovativ bei den Leistungen, Prozessen und Geschäftsmodellen zu sein. Nur wer diese beiden Pole in einem Unternehmen verbindet, schafft den Spagat zwischen der Sicherung des Bestands und dem Aufbau von Neuem. Der agilitätsorientierte Führungsstil der Ambidextrie wird im Kapitel Change ausführlich vorgestellt (siehe Kapitel 4.2.4).

Hintergrund

Testsysteme

Kein duales Betriebssystem, aber ein paralleles Testsystem kann hingegen bei der Einführung neuer digitaler Prozesse und Angebote empfohlen werden. Während IT-/TK-Abteilungen zu Recht auf die Stabilität, Sicherheit und Leistungsfähigkeit ihrer Bestandssysteme pochen, dienen parallele Testsysteme der iterativen Annäherung an neue Lösungen und Systemen. Erst wenn die Tests und Prototypen eine erste Marktreife erreicht haben, ist zu überlegen, in welcher Art und Weise die bisherigen Bestandssysteme mit den neuen Verfahren verbunden werden.

3.3   Businessplan

Definition

Trotz aller Flexibilität, Kreativität und Agilität werden Entscheidungsvorlagen für Investitionen im Rahmen der Digitalen Transformation benötigt. Ein **Businessplan** stellt ein gutes Format für eine solche Entscheidungsvorlage dar, solange er nicht im klassischen Stil bereits am Anfang alle Aspekte in maximalem Detailierungsgrad definieren muss, sondern im Sinne einer agilen Vorgehensweise iterativ (d. h. schrittweise, wiederholend) konkretisiert wird.

Solch ein Businessplan (bzw. Geschäftsplan) ist ein schriftliches oder elektronisches Dokument, das die Gründe und Maßnahmen für eine (größere) geschäftliche Aktivität aufzeigt wie beispielsweise die Gründung einer neuen Abteilung oder Firma, aber auch die Investition in eine neue Lösung, Software oder ein Projekt. Der Businessplan dient jeglichen Investitionen mit Budgets, die bestimmte finanzielle Mittel oder einen bestimmen Bedarf an zeitlichen Ressourcen der eigenen Mitarbeiter überschreiten. Man unterscheidet Businesspläne für den

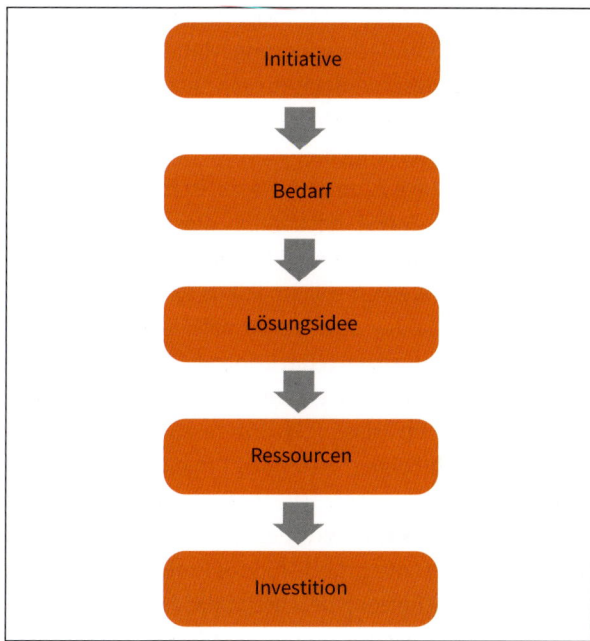

Abb. 3.22: Ablauf Businessplan

rein firmeninternen Gebrauch sowie jene für externe Zielgruppen wie Gesellschafter, Aufsichtsräte, Banken oder Firmenkäufer. Businesspläne zeigen nicht nur das Ziel und den Auftrag eines Teams oder Projektes mit seinen finanziellen Auswirkungen (Kosten und Erträgen), sie betrachten auch Aspekte der Projektorganisation, -struktur, -ressourcen und -finanzierung. Neben der Funktion als Entscheidungsgrundlage für ein Investment dienen solche Pläne auch der Dokumentation von Entscheidungen und Verantwortungen.

Die Abbildung 3.22 zeigt den klassischen Ablauf eines Businessplans. Zuerst beschreibt dieser die Gründe, warum eine **Initiative** (Projekt bzw. Investment) überhaupt gestartet werden soll. Im Fokus steht zunächst die generelle Projektidee und -vision mit Fragen nach dem Nutzen der Initiative, nach (im Erfolgsfall) erwarteten Lösungen und Ergebnissen, ersten Anforderungen und den Konsequenzen im Misserfolg. Interessant ist auch die Frage nach den Folgen, wenn das Projekt erst gar nicht gestartet würde.

Der zweite Block des Businessplans konkretisiert den **Bedarf** und die Hintergründe für das Projekt. Im Rahmen einer Markteinschätzung beschreibt der Plan die internen oder externen Zielkunden, deren Bedürfnisse und Wünsche und das mögliche Marktvolumen. Zur Analyse der Wettbewerbssituation betrachtet der Businessplan schon vorhandene Problemlösungen und zeigt Unterschiede zu der neuen Projektidee. Zentral ist hier die Frage, ob man den internen oder externen Kunden wirklich einen signifikanten Mehrwert bzw. Nutzen bieten kann, der die Aufwendungen (Budget, Zeit etc.) für das neue Projekt rechtfertigt.

Basierend auf dem konkreten Bedarf wird im dritten Block die **Lösungsidee** ausführlicher aufgezeigt. Dies geschieht im Sinne des agilen Managements iterativ, so dass am Anfang des Projektes erst vage Arbeitsblöcke und Meilensteine bekannt sind, die sich mit dem Fortschritt des Projektes immer weiter verdichten und ergänzen. Gerade diese Bereitschaft, den Businessplan Schritt für Schritt – basierend auf immer neuen Erkenntnissen und Feedbacks aus dem Projektverlauf – zu konkretisieren, verknüpft das klassische Wasserfallmodell des Projektmanagements mit dem Verständnis für Agilität und Flexibilität (beide Konzepte werden in Kapitel 4.2. ausführlich beschrieben).

Im vierten Block werden die für das Projekt notwendigen **Ressourcen** analysiert: Welche Expertisen und Kompetenzen (fachlich, methodisch, sozial etc.) sind für das Projekt notwendig? Welche Expertisen sind intern bzw. extern verfügbar? Wer kann welche Rolle und Verantwortung übernehmen? Sind die notwendigen Experten und Mitarbeiter überhaupt zeitlich disponibel? Welcher Technologien bedarf es und inwieweit stehen diese bereits zur Verfügung? Welche Produktionsfaktoren (z. B. Materialien, Maschinen, Einrichtungen) werden für das das Projekt benötigt? Welche Teilleistungen (Make or Buy) können extern dazugekauft werden? Gibt es Abhängigkeiten von einzelnen internen oder externen Lieferanten? Werden spezielle (behördliche) Genehmigungen oder eine besondere Versicherung benötigt?

Der fünfte und letzte Block betrachtet schließlich die finanziellen Aspekte des (Projekt-)**Investments**: Mit welchen finanziellen Vorteilen (Umsatz, Kosteneinsparung etc.) ist in den nächsten Jahren zu rechnen und woraus leiten sich diese Prognosen ab? Welche Kostenarten und -höhen fallen wo an? Wann wird die Gewinnschwelle erreicht? Wie hoch ist der Finanzmittelbedarf, wie viel Eigenmittel liegen hierzu vor und welche Finanzierungsformen sind angedacht?

Praxis

Als guter Startpunkt für die Formulierung eines gemeinsamen Businessplans kann ein **Anforderungskatalog** dienen, wie ihn beispielsweise die agile Methodik Scrum beinhaltet. Der Katalog formuliert zwar lediglich den Auftrag an ein Projektteam, doch bilden seine Anforderungen bereits die ersten Eckpunkte für einen ausführlicheren Businessplan.

In der Scrum-Methodik wird der Anforderungskatalog konkret als **Product Backlog** bezeichnet. In diesem werden alle Anforderungen (Requirements) an ein Innovationsprojekt aufgelistet, kontinuierlich aktualisiert, erweitert und priorisiert. Der Anforderungskatalog ist im Sinne

Anforderung (Nummer)	Anforderung (Titel)	Anforderung (Kurztext)	Motivation (Anforderung, weil ...)	Priorität	Status

Abb. 3.23: Anforderungskatalog

der Agilität stets in Bewegung, sodass immer wieder neue Anforderungen ergänzt bzw. vorhandene Anforderungen weiter aufgeschlüsselt oder sogar eliminiert werden.

Im Scrum-Ansatz dient der Anforderungskatalog nicht als Ausgangspunkt für einen Businessplan, sondern als Arbeitsunterlage für das Scrum-Team. In Kooperation mit den Entscheidern (wie Product Owner und Scrum-Master) wählt das Projektteam monatlich Arbeitspakete aus den Product Backlogs, die innerhalb eines Zeitraums von ca. 30 Tagen (sogenannte Sprints) komplett in vorzeigbare (Zwischen-)Lösungen umzusetzen sind (inklusive Test und notwendiger Dokumentation). Diese Arbeitspakete werden während der Sprints nicht durch Zusatzanforderungen modifiziert. Denn agile Projektmethoden fokussieren primär auf die Erreichung eines Ziels in der vorgegebenen Zeit.

Das Projektteam bricht die Anforderungen (Increments) aus dem Katalog in kleinere Arbeitspakete (Tasks) herunter, denen nun verantwortliche Bearbeiter zugeordnet werden. Deren täglichen Berichte über den Projektfortschritt und den aktualisierten restlichen Aufwand sammelt das Innovationsteam in einem separaten Sprint Backlog. Parallel können gerade jene Stakeholder eines Projektes, die nicht direkt in das Projektteam integriert sind, neue oder geänderte Anforderungen direkt im Product Backlog

verarbeiten. Die Diskussion mit dem eigentlichen Projektteam über diese Änderungen oder Erweiterungen findet jedoch erst am Ende des jeweiligen Sprints statt.

Im Rahmen der Lean-Startup-Methode von Eric Ries und der Verwendung von Prototypen wurde die Idee des **Minimum Variable Products** (kurz: MVP) eingeführt, ein Konzept, das am ehesten als »Produkt mit minimalem Funktionsumfang« übersetzt werden kann (Ries 2011).

Diese MVPs dienen dem agilen Grundgedanken, eine neue Lösung (Produkt, Service, Software etc.) möglichst schnell zu erstellen. Um dies zu realisieren, wird am Anfang nur auf die nötigsten Funktionen geachtet. Sofortige Tests mit potenziellen Kunden und Nutzern ergeben frühe Rückmeldungen über das MVP und erlauben in der Folge Verbesserungen und Erweiterungen. Die MVPs brauchen nicht perfekt zu sein, denn mögliche Produktmängel dienen dazu, die Nutzer zu Kritik und Verbesserungsvorschlägen zu motivieren. Feedback-Schleifen eröffnen einen Kreislauf der kontinuierlichen Verbesserung und optimalen Anpassung an die Wünsche der Kunden und Nutzer. Agiles Vorgehen bedeutet, klein anzufangen, um nach einiger Zeit aus Fehlern zu lernen. Dabei kann ein Projekt korrigiert oder sogar beendet werden.

Abbildung 3.24 zeigt eine MVP-Canvas als Template für die laufende Dokumentation eines Prototyps mittels eines MVPs. Das Template startet mit der Begründung für das MVP (Initiative mit Problembeschreibung und Zielsetzung), gefolgt von der eigentlichen Lösungsidee und ihrem Alleinstellungsmerkmal (Unique Selling Proposition, kurz: USP), der Art des Prototyps (z. B. Mock-up, Simulation oder 3-D-Druck), den möglichen Messkriterien zur Beurteilung der Leistung, Kosten und Dauer sowie den Erfahrungen (Lessons Learned) aus den unterschiedlichen Feedbackschleifen.

So praktisch die agilen Instrumente Product Backlog und MVP auch sind, sie helfen nicht bei der Grundsatzentscheidung, ob sich das Investment überhaupt lohnt, und wie viel finanzielle Ressourcen in ein Projekt investiert werden müssen bzw. sollen. Hier ergänzen klassische Instrumente der Marktanalyse sowie der Investitionsrechnung den Businessplan.

Der Analyse des Kundenmarktes dienen beispielsweise die bereits aufgezeigten Methoden wie Pain- und Gainspotting oder die Customer Journey. Bei der Untersuchung des Wettbewerbsumfelds helfen eine SWOT-Analyse oder ein Wargaming. Beim **Wargaming** wird das Verhalten eines oder mehrerer Wettbewerber gegenüber

Digitale
Trans-
formation

Digitali-
sierung

Business

Change

Initiative	Lösungsidee	Verantwortung
• Problem • Zielsetzung	**Alleinstellung** Alleinstellungsmerkmal (USP) der Lösung	**MVP Typ** • Mock-up • Simulation • 3-D-Druck
Messkriterien • Leistungskriterien • Kosten (Kundenakquise, Distribution, Produktion, Logistik etc.) • Dauer (Time to Market, Nachhaltigkeit des USPs)		
Lessons Learned • Ergebnisse des Prototypen (Qualität, Performance etc.) • Ergebnisse des Projektvorgehens (Teamarbeit, Methodik etc.)		

Abb. 3.24: Minimum-Variable-Product-(MVP-)Canvas

dem eigenen Unternehmen durch eigene Mitarbeiter simuliert. Dazu werden mehrere Spielparteien gebildet, von denen eine die Rolle des eigenen Unternehmens übernimmt, während zwei bis drei weitere Parteien die Wettbewerber repräsentieren. Über mehrere Spielrunden hinweg versucht nun jede Partei einen Spielauftrag (z. B. das Verfolgen einer Wachstumsstrategie oder die Entwicklung von Produktinnovationen) gegen den Wettbewerb durchzusetzen. Nach jeder Spielrunde werden die Strategien und Ergebnisse der einzelnen Spielerteams offengelegt und diskutiert. Basierend auf den neuen Erkenntnissen trifft jede Partei in den nächsten Runde wieder neue Entscheidungen. Der Verlauf des Spiels ist nicht vorhersagbar, er wird vielmehr durch die Aktionen und Reaktionen der einzelnen Spieler beeinflusst. Die Züge der einzelnen Spielpartien erlauben jedoch, in einer nachgelagerten Analyse die Wirkungsmechanismen in der untersuchten Situation zu verstehen.

Ein Schwerpunkt im letzten Block des Businessplans, der die finanziellen Aspekte des (Projekt-)Investments abbildet, ist die **Investitionsrechnung**. Hierzu existieren verschiedene Methoden, wie in Abbildung 3.25 dargestellt.

Eine Kostenvergleichsrechnung dient der Identifikation und dem Vergleich der Kosten, die aus den einzelnen

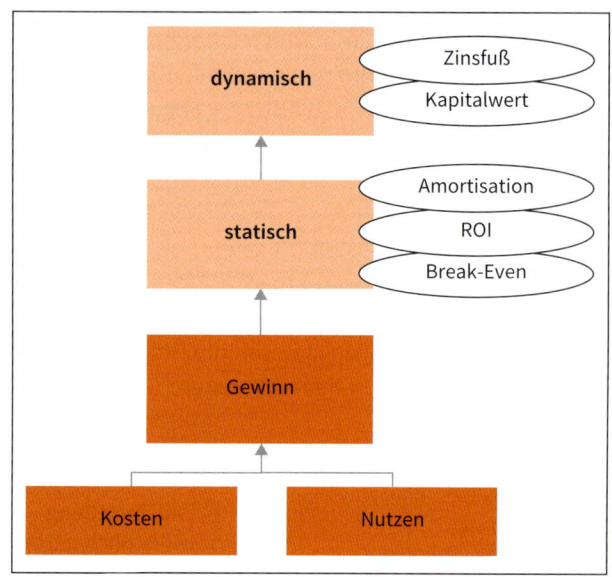

Abb. 3.25: Investitionsrechnung

Vorschlägen für das Unternehmen entstehen können, gefolgt von einer Abwägung der kostengünstigsten Alternative. Doch Kostenvergleichsrechnungen sollten nur ein erster Schritt in die Wirtschaftlichkeitsanalyse sein, da dabei nur die reinen Kosten, aber nicht die Vorteile aus einem Investment betrachtet werden.

Danach folgt eine Nutzenvergleichsrechnung mit der Suche nach jenen Vorschlägen, die die höchsten Nutzenvorteile bewirken. Wie bei der Kostenvergleichsrechnung werden einzelne Vorschläge miteinander verglichen, diesmal jedoch mit dem Fokus auf den jeweiligen Nutzen wie Umsatzsteigerung, Kostenreduktion, Steigerung der Rentabilität, Fehlerbehebungen, Qualitätsvorteile, Zugang zu neuen Kundengruppen, Imagevorteile etc.

Gewinnvergleichsrechnung

Die Kombination von Kosten- und Nutzenvergleiche erfolgt im Rahmen von statischen oder dynamischen Gewinnvergleichsrechnungen. Die statischen Investitionsrechnungen wie Break-even, Return on Investment und Amortisation bezeichnet man als Einperiodenverfahren, da sie alle Werte auf eine durchschnittliche Periode beziehen. Bei den statischen Verfahren werden Effekte wie der, dass die Ausgaben am Anfang vielleicht höher liegen und die Einnahmen erst nach einiger Zeit steigen, vernachlässigt. Anders bei den dynamischen Verfahren, wie der Kapitalwertmethode und der Internen Zinsfußmethode. Dieses sind Mehrperiodenverfahren, bei denen alle Perioden mit ihren individuellen Ausgaben und Einnahmen separat gerechnet werden.

Die **Break-even-Analyse** stellt die Frage, bei welchen Absatzmengen, Stückpreisen und Kosten ein Gewinn zu erwarten ist. Dort, wo die Linie der Erlöse die Linie der Gesamtkosten schneidet, ist der Übergang von der Verlust- in die Gewinnzone. Der Break-even-Punkt zeigt auf, welcher Mindestumsatz durch ein neues Produkt erzielt werden muss, damit überhaupt ein Gewinn entsteht. Die Gesamtkosten sind dabei die Summe aller bisherigen Kosten für die Forschung und Entwicklung, die Markteinführung sowie alle laufenden Kosten für die Produktion, Logistik und Verwaltung. Wird der Break-even-Punkt bei einem Produkt bereits bei einer geringen Menge an verkauften Stückzahlen realisiert, so ist dieses Produkt interessanter als ein Produkt, bei dem eine größere Menge abgesetzt werden muss, um in die Gewinnzone zu kommen. Die kritischen Fragen bei der Break-even-Analyse lautet also: Kann eine neue Lösung überhaupt in der Menge verkauft werden, die für das Erreichen der Gewinnzone notwendig ist? Oder anders formuliert: Kann der Break-even-Punkt überhaupt überschritten werden?

Die **Amortisationsanalyse** beurteilt Investitionen nach der Zeitdauer, die benötigt wird, bis das investierte Kapital wieder in das Unternehmen zurückfließt. Es geht also um die Frage, bis wann nicht nur die laufenden Kosten, sondern auch alle Anfangskosten refinanziert wer-

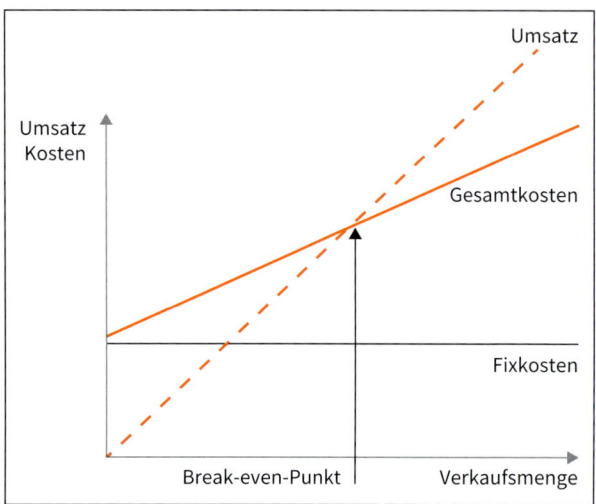

Abb. 3.26: Break-even-Analyse

den. Der Kapitalrückfluss ergibt sich aus der Summe der zu erwartenden Erlöse oder Einsparungen aus den neuen oder verbesserten Produkten und Prozessen abzüglich der Kosten für die produzierten Erzeugnisse sowie der Kosten für die Forschung, Entwicklung und Umsetzung.

Die **Rentabilitätsrechnung** misst die Verzinsung eines Investitionsprojektes mithilfe der Kennzahl Return on Investment (kurz: ROI). Der ROI definiert sich als Quotient aus dem zusätzlich erwarteten Gewinn oder der Kosteneinsparung einer neuen Idee (vor oder nach Steuer) und dem zusätzlichen Kapitaleinsatz bzw. den Kosten. Mit anderen Worten: Soll die Digitale Transformation zu effizienteren Abläufen innerhalb eines Betriebes führen, dann ist die Kosteneinsparung durch den veränderten Ablauf im Vergleich zu dem traditionellen Prozess zu schätzen. Dieser Wert wird dann durch die notwendigen Kosten für die Verfahrensänderung dividiert, und man erhält den ROI. Eine neue Produkt- oder Verfahrensidee ist dann vorteilhaft, wenn der ROI nicht kleiner ist als eine vorgegebene Mindestrentabilität. Eine solche Mindestrentabilität wird von vielen Unternehmen generell für alle Investitionsprojekte vorgegeben und kann beispielsweise bei 25 Prozent liegen. Ein solcher Wert würde indizieren, dass sich das eingesetzte Kapital mit 25 Prozent verzinst und nach spätestens vier Jahren refinanziert ist. Von unterschiedlichen Vorschlägen ist derjenige mit der höchsten Rentabilität zu wählen.

Als dynamische Investitionsrechnung berechnet die **Kapitalwertmethode** den mit einem Kalkulationszinssatz abgezinsten Betrag aller mit einer Investition verbundenen Ein- und Auszahlungen. Oder mit anderen Worten: Heutige Einnahmen von 1.000 Euro sind (aufgrund der Inflation etc.) werthaltiger als Einnahmen von 1.000 Euro in fünf Jahren. Das Ergebnis dieser Investitionsrechnung bezeichnet man als Kapitalwert oder Barwert (Net Present Value, kurz: NPV). Die Höhe des zur Abzinsung verwendeten Zinssatzes ist von dem erwarteten Risiko des Investments abhängig. Je höher das Risiko, desto höher der Kalkulationszinssatz und desto niedriger die jeweiligen Überschüsse aus den Ein- und Auszahlungen. Immer häufiger wird als Kalkulationszinssatz der WACC (Weighted Average Cost of Capital) als gewichtetes Mittel der Eigen- und Fremdkapitalkosten verwendet, welcher die Risikodimension mittels einer Risikoprämie (dem sogenannten Beta-Faktor) berücksichtigt.

Während die Kapitalwertmethode lediglich einen positiven oder negativen Barwert ergibt, errechnet der **interne Zinsfuß** (Internal Rate of Return, kurz: IRR) eine (theoretische) mittlere jährliche Rendite, mit der erneut verschiedene Investitionsalternativen untereinander verglichen werden können. Der IRR selbst ist jener Kalkulationszinssatz, bei dem sich ein Kapitalwert von Null ergibt, sodass die abgezinsten zukünftigen Zahlungen den heutigen Preisen entsprechen. Liegt der IRR nun über dem WACC, so übersteigt die Rendite einer Investition die Kapitalzinsen plus Risikoaufschlag. Die Investition ist folglich über ihre gesamte Laufzeit rentabel.

Konsequenz

Eine zentrale Konsequenz im Rahmen der Erstellung eines Businessplans wurde bereits verdeutlicht: Wichtig ist die Bereitschaft, den Businessplan Schritt für Schritt – basierend auf immer neuen Erkenntnissen und Feedbacks aus dem Projektverlauf – zu entwickeln und zu konkretisieren. So verknüpft man das klassische Wasserfallmodell des Projektmanagements mit dem Verständnis für Agilität und Flexibilität.

Die Entwicklung des Businessplans selbst ist ein Projekt, und ein Projekt benötigt immer einen Verantwortlichen. In der Scrum-Methodik wird diese Rolle als Product Owner bezeichnet (siehe Kapitel 4.3.2.). Der Product Owner verantwortet nicht nur den Businessplan, sondern die gesamte Wertmaximierung eines Projektes und die Arbeit des eigentlichen Projektteams.

Aufgrund der Verantwortung für die Wirtschaftlichkeit seines Projektes achtet der Product Owner auf die Gesamtkosten seiner Aktivitäten. Hierzu wurde schon 1987 von der Gartner Gruppe das Prinzip der Total Costs of Ownership (kurz: TCO) entwickelt. Danach sind in der Kostenrechnung nicht nur die Anschaffungskosten für die neuen Technologien zu erfassen, sondern auch alle Aspekte der Inbetriebnahme (wie Beratung, Service oder die Arbeitszeit der eigenen Mitarbeiter) und späteren Nutzung (wie Reparatur, Wartung, Schulung). Ähnlich verhält es sich mit dem Life Cycle Costing (kurz: LCC), das die gesamten Kosten über einen Lebenszyklus eines Produktes, also von der ersten Idee bis zur Rücknahme vom Markt, betrachtet. Diese Verfahren prüfen also nicht nur die ursprünglichen Anschaffungs- bzw. Transaktionskosten, sondern auch alle Folgekosten, die sich aus einer Investition ergeben. Gerade dies wird aber in der Praxis oft vernachlässigt: Da werden z. B. als IT-Investition häufig nur die Lizenzkosten der Software evaluiert, ohne auf die Kosten für die Implementierung, Schulung oder gar für die neu zu beschaffende Hardware zu achten.

Eine ähnliche Herausforderung bei der Schätzung von Werten stellt sich ebenfalls bei der Nutzenvergleichsrechnung. Hier droht die Gefahr der Fehleinschätzung der Konsequenzen aus den einzelnen Vorschlägen. Viel zu oft werden in der Praxis die Chancen einer Investition deutlich zu positiv bewertet. Statt aber das Extremszenario des bestmöglichen Falles (Best Case) als Basis einer Entscheidung zu nehmen, orientieren sich seriöse Investitionsentscheidungen an einem realistischen Szenario (Base Case), ohne das mögliche Risiko eines sogenannten

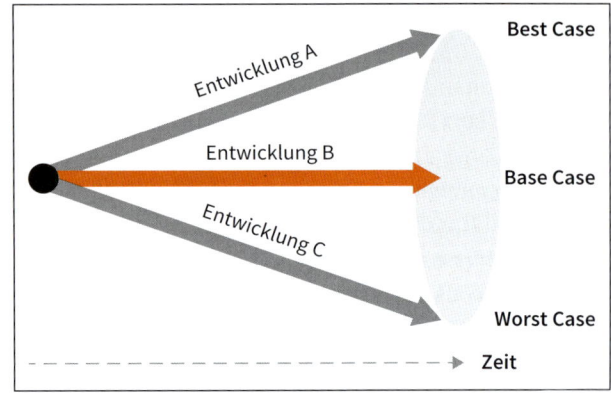

Abb. 3.27: Szenariotechnik

Worst Case zu ignorieren. Die Spannweite der möglichen Ergebnisse zwischen Best und Worst Case bildet der sogenannte Szenariotrichter. Dieser Trichter, und die darin aufgezeigten Abweichungen vom Base Case, wächst mit der Laufzeit eines Projektes bzw. einer Investition. Ein Grund mehr, warum ein Businessplan vermehrt agil und iterativ mit dem Projektverlauf (weiter-)entwickelt werden sollte.

4 Change

Definition

Organisationen erzielen im Rahmen von Transformati- onsprozessen oft nicht die gewünschten Effekte und Er- gebnisse. Auch wenn die Projektteams aus Vertretern der verschiedenen Unternehmensbereiche bestehen und über unterschiedliche, für den Transformationsprozess notwendige Kompetenzen verfügen, können sich diese Teams in interne Auseinandersetzungen verwickeln. Un- terschiedliche Fach- und Eigeninteressen stehen dann der erfolgreichen Umsetzung von Innovationsideen im Wege, selbst wenn die Unternehmensleitung die Digitale Transformation offiziell unterstützt.

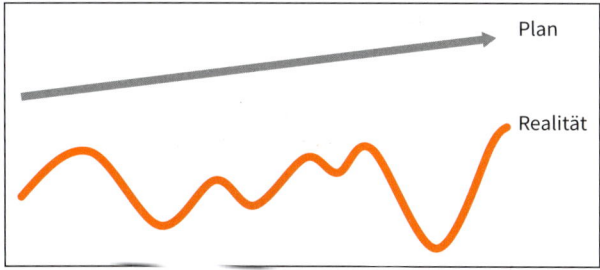

Abb. 4.1: Plan versus Realität

Damit Konflikte nicht zum Abbruch eines Transforma- tionsprozesses führen, müssen sie rechtzeitig erkannt, richtig analysiert und konstruktiv behoben werden. Diese systematische Vorgehensweise wird unter dem Begriff des **Veränderungsmanagements** (Change Management) zusammengefasst. Im Zentrum dieses Managementan- satzes stehen das Erkennen und Beilegen von Konflikten im Zusammenhang mit Transformationsprozessen.

Praxis

Digitale Transformation bedeutet Veränderung! Neue Wege zur operativen Exzellenz, zur gesteigerten Kunden- erfahrung oder gar zu neuen Geschäftsmodellen greifen oft in bestehende Strukturen, Abläufe und Leistungsange- bote ein. Veränderungen wecken bei den Beteiligten dabei nicht nur Sympathien, sondern führen oft zu Sor- gen, Ängsten und Barrieren, wie sie weiter unten ausführ- licher besprochen werden.

Organisationen und Führungsstile, wie wir sie heute kennen, sind den Anforderungen der Digitalen Transfor- mation oft nicht gewachsen. Das klassische Manage- mentmodell ist noch viel zu sehr darauf ausgerichtet, klare Arbeitsabläufe zu implementieren und Strukturen zu schaffen, die effizientes Arbeiten ermöglichen. Doch mit einem solchen Vorgehen kann man den Unsicherheiten – wie im VUCA-Modell – gezeigt, nicht mehr dauerhaft begegnen. Um die Digitale Transformation optimal und ganzheitlich umzusetzen, sind moderne Führungs- und Organisationsansätze gefragt.

Konsequenz

Dieses Kapitel diskutiert sowohl neue wie auch bewährte Konzepte zur Führung von Menschen sowie zur Strukturierung von Abläufen und Kompetenzen. Orientierung bietet dabei ein von den Autoren entwickeltes 3C-Modell, bestehend aus den Bereichen Consequence, Competence und Collaboration.

- **Consequence** steht für eine moderne, konsequente Führung in Zeiten des agilen Managements mit einer gesunden Mischung aus Organverantwortung und Eigeninitiative der Mitarbeiter als die wahren Kompetenzträger.
- **Competence** umfasst die zentrale Bedeutung der sozialen und fachlichen Kompetenz als Basis für die eigene Rolle eines Mitarbeiters (egal welcher Führungsebene) in agilen bis zu holokratischen Organisationen.
- **Collaboration** beinhaltet die Einbindung aller Leistungsträger in die Digitale Transformation in den drei klassischen Phasen des Change Managements: Sensibilisieren, Bewegen und Etablieren.

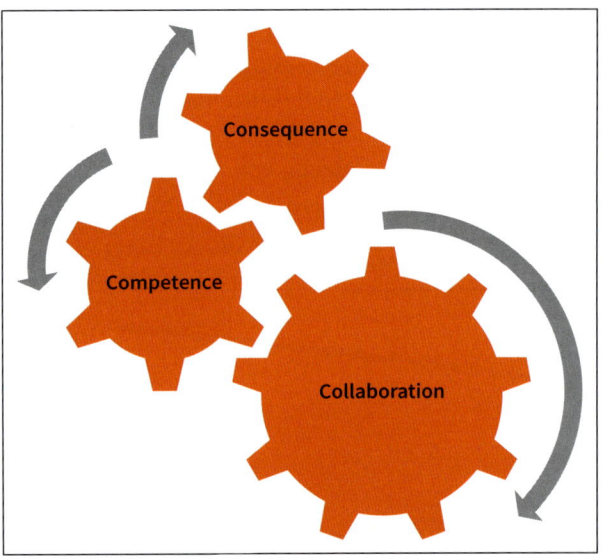

Abb. 4.2: 3C-Modell

4.1 Barrieren der Digitalen Transformation

Definition

Nur wer die verschiedenen Arten und die Hintergründe der Barrieren kennt, die gegen die erfolgreiche Umsetzung der digitalen Transformation wirken, kann diese überwinden. Und nur dann ist der Weg zur Sicherung und Steigerung der Wettbewerbsfähigkeit einer Organisation auf Basis der digitalen Möglichkeiten geebnet. Diese Barrieren gliedern sich dabei in ökonomische, technische, aber vor allem auch emotionale Barrieren auf.

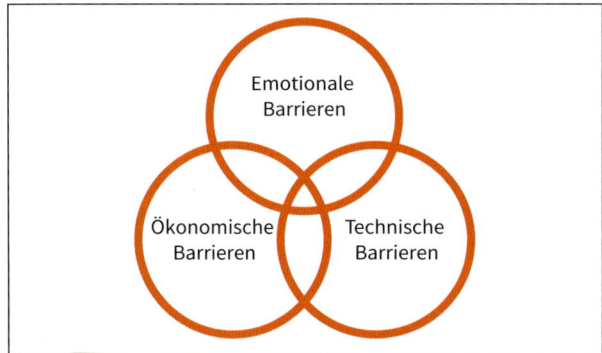

Abb. 4.3: Barrieren der Digitalen Transformation

Barrieren sind Hindernisse, die jemanden von etwas fernhalten. Dabei sind es meist nicht die technischen Barrieren, die Organisationen wirklich an der Digitalen Transformation hindern. Auch die wirtschaftlichen Barrieren sind heute meist nicht mehr so groß, wie sie früher bei IT-Projekten einmal waren. Dank Kostendegression, verbesserter Kompatibilität der Systeme, Freeware-Angeboten und Cloud- bzw. Application-Service-Provider-(kurz: ASP-)Lösungen, können viele der digitalen Projekte zunächst mit kleinen Budgets gestartet werden. Es sind die emotionalen Barrieren, die heute immer noch viele Transformationsprozesse behindern, wenn nicht gar scheitern lassen. Doch schauen wir uns erst einmal alle drei Barrieren ausführlicher an.

Praxis

Starten wir mit den **technischen Barrieren**. Selbst heute, wo Personal Computer, Internet, Smartphones und Flatrates ganz selbstverständlich zum Alltag gehören, verhindern immer wieder technische Barrieren die Digitale Transformation. Zu diesen zählen neben regionalen Schwierigkeiten mit der technischen Infrastruktur (z. B. fehlendem Breitbandzugang) besonders unternehmensinterne Barrieren wie eine große Zahl von Datensilos und Systeminseln.

Datensilos sind abgeschottete Datenbanken beispielsweise für Produkt-, Rechnungs- oder Kundendaten. Nicht selten führt dies in Unternehmen zu Doppelerfassungen der gleichen Daten mit unterschiedlichen Datennummern und -bezeichnungen, sodass diese nicht kompatibel sind. Mit anderen Worten: Während die Öffentlichkeit Entwicklungen wie »Big Data« und »Datensicherheit« zu Recht kritisch betrachtet, stehen viele etablierte Unternehmen immer noch vor der Herausforderung, ihre Daten effizient managen zu können. Der Wunsch nach aussagefähigen Informationen in Echtzeit scheitert seit Jahrzehnten oft alleine an diesen Datensilos mit unübersichtlichen und unstrukturierten Stammdaten, bei denen Mehrfachnennungen der gleichen Produkte unter verschiedenen Artikelnummern oder identischen Personen unter unterschiedlichen Kundennummern üblich sind. Preise können dann für das gleiche Produkt über verschiedene Verkaufsplattformen uneinheitlich sein. Noch schlimmer: In manchen Unternehmen liegen zentrale Daten weiterhin nur als Excel-Tabellen vor. Damit sind diese Daten begrenzt zugänglich und in vieler Hinsicht ungeschützt.

Wie sollen operative Exzellenz oder neue Geschäftsmodelle umgesetzt werden, wenn die Grundlage des Datenmanagements nicht gegeben ist? Start-ups haben als Neugründungen den strategischen Vorteil, dass sie auf eine neue Datenstruktur und von Beginn an auf zentrale Datenspeicher und -systeme bauen können. Die fehlende Notwendigkeit, Daten aus verschiedenen etablierten Systemen und von verschiedenen Organisationseinheiten mit den noch folgenden emotionalen Barrieren integrieren zu müssen, ist einer der zentralen Wettbewerbsvorteile von jungen Unternehmen gegenüber der Old Economy.

Systeminseln sind dadurch gekennzeichnet, dass die Datenkommunikation und der horizontale Austausch zwischen einzelnen IT-Systemen aufgrund mangelnder interner Schnittstellen oder proprietärer Systeme blockiert sind. Dadurch werden Daten erneut nicht nur doppelt und unterschiedlich erfasst, vielmehr fehlt die Transparenz über wirtschaftliche Vorgänge. So weiß – um ein typisches Beispiel aus der Praxis zu erwähnen – der Außendienst mit seiner Systeminsel CRM (Customer-Relationship-Management) nicht, dass Kundenrechnungen noch nicht bezahlt sind (Systeminsel Finanzbuchhaltung), die letzten Lieferungen nicht ankamen (Systeminsel Supply-Chain-Management) oder der Kunde gar eine Reklamation hatte (Systeminsel Beschwerdemanagement). Und obwohl gerade SAP mit dem Ansatz des Efficient Ressource Planning hier schon in den 1980er-Jahren eine wichtige Innovation etabliert hat, kommt es selbst heute noch häufig vor, dass in der Produktion Daten umständlich und fehleranfällig via Excel in separate Anwendungen übernommen werden.

Systeminseln gibt es aber nicht nur unternehmensintern, sondern auch zwischen Geschäftspartnern. Neben fehlenden internen Schnittstellen verhindern fehlende externe Schnittstellen die Optimierung von Prozessen. Noch heute existiert in manchen Branchen kein vollumfänglich funktionierender elektronischer Datenaustausch (EDI) oder eine Vernetzung über das Internet. Das Fehlen dieser Konnektivität führt zu Mehraufwand, Fehlern, Zeitverlusten und Kosten. Während innovative Firmen neue Transaktionsprotokolle wie Blockchain ausprobieren, damit im Sinne des Internets der Dinge auch Maschinen untereinander direkt Zahlungsvorgänge kommunizieren, praktizieren manche Firmen immer noch die manuelle Eingabe von Rechnungs- oder Logistikdaten. Wie sollen hier Prozesse innovativ umgestaltet werden, um Kosten- oder Nutzenvorteile zu generieren?

Neben technischen Barrieren wirken gelegentlich **wirtschaftliche Barrieren** gegen die Digitale Transformation. Zu diesen gehören: Kosten, Budgets und Zielvorgaben.

Häufig werden gute Ideen in einem frühen Stadium wegen möglicher hoher Kosten abgelehnt. Entscheider erinnern sich an die großen Aufwendungen für IT-Projekte in der Vergangenheit und schreiben diese für die Zukunft fort. Doch profitiert das agile Management von iterativen, kleinen Schritten mit vordefinierten Wendepunkten bzw. Pivots (siehe Kapitel 4.2.3) zur Annäherung an optimale Lösungen. Zusammen mit Kostendegressionen, Freeware, ASP-Lösungen etc. liegen die Kosten bei aktuellen digitalen Projekten aber oft niedriger als in der Vergangenheit.

Zur Umsetzung eines digitalen Projektes oder gar einer ganzheitlichen Digitalisierungsoffensive bedarf es neben dem Budget für die Kosten auch ausreichend Ressourcen an Personal und Zeit. Wenn kein angemessenes Budget für die Arbeitszeit der eigenen Mitarbeiter vorhanden ist, versanden die mit viel Euphorie gestarteten Digitalisierungsprojekte in kurzer Zeit. Dann schlägt die frühe Begeisterung über die Teilnahme an einem spannenden Projekt schnell in Frust und Ärger um, da das Tagesgeschäft wegen des Projekts nicht bewältigt werden kann.

Am Ende können auch die Zielvorgaben der Gesellschafter und Aktionäre oder einfach nur der Vorgesetzten die Digitale Transformation verhindern. Fokussieren die Shareholder lieber auf Marktanteile und Wachstum, dann orientiert sich das Management bei den Maßnahmen zur Zielerreichung eher an klassischen Instrumenten wie Werbung, Vertrieb, Kooperation oder Firmenaufkäufe.

Maximal wechselt die Digitalstrategie der operativen Exzellenz in den Fokus dieser Shareholder, doch die beiden weiteren Digitalstrategien »Customer Experience« und »neue Geschäftsmodelle« verlieren an Managementfokus und Attraktivität.

Der wichtigste Grund für das Scheitern vieler digitaler Projekte und generell der Digitalen Transformation liegt in den **emotionalen Barrieren** der Beteiligten. Diese resultieren aus vier Problemfeldern:

- Überforderung/Qualifikationsdefizit,
- Unkenntnis/Informationsdefizit,
- Ohnmacht/Organisationsdefizit sowie
- Schlechterstellung/Motivationsdefizit.

Diese Barrieren wirken häufig als Auslöser für Ängste, also einen Zustand, in dem man sich vor jemanden oder etwas fürchtet. Dabei gehört Angst zu unserem Leben, mithin auch zu unserem beruflichen Umfeld. Und sie kann eine positive Kraft sein. Denn nur wer eine grundsätzliche Sorge um den Verlust der Wettbewerbsfähigkeit oder vor Arbeitsunfällen hat, bleibt aufmerksam und offen für Veränderungen wie etwa der Notwendigkeit einer Digitalen Transformation.

Doch kann Angst bei zu hoher Intensität ins Negative umschlagen. Es folgen bei den Betroffenen Abwehrmechanismen oder gar Aggressionen bis hin zu psychosomatischen Leiden. Die Unternehmen erleben dadurch Einbußen in der Produktivität, der Kooperationsfähigkeit und letztlich in ihrer Bereitschaft zur Digitalen Transformation.

Die erste emotionale Barriere ist die **Überforderung**. Sie resultiert aus einem Qualifikationsdefizit, möglicherweise aufgrund der Reizüberflutung durch neue Informationen, die man zunächst nicht einordnen kann. Wird beispielsweise im Rahmen der Einführung neuer Technologien die eigene Funktion oder Aufgabe mehr oder weniger verändert, so sind manche Betroffene mit der Einschätzung der neuen Situation und ihrer Konsequenzen für sich selbst überfordert. Steigt die Komplexität der Aufgabe, kann daraus sogar eine psychische Überforderung mit Versagensangst und einem Gefühl der Hilflosigkeit gegenüber der neuen Situation resultieren, die zu einer seelischen und nervlichen Überforderung führen kann.

Organisationen, die in der Vergangenheit jegliche Eigeninitiative oder Kreativität unterbunden haben, können nicht von einem Tag auf den anderen auf eine positive Sichtweise von Neuerungen, Innovationen und Wandel umschalten. Hier herrschen emotionale Barrieren der Überforderung durch Qualifikationsdefizite, denn die Menschen dieser Organisationen haben nie gelernt,

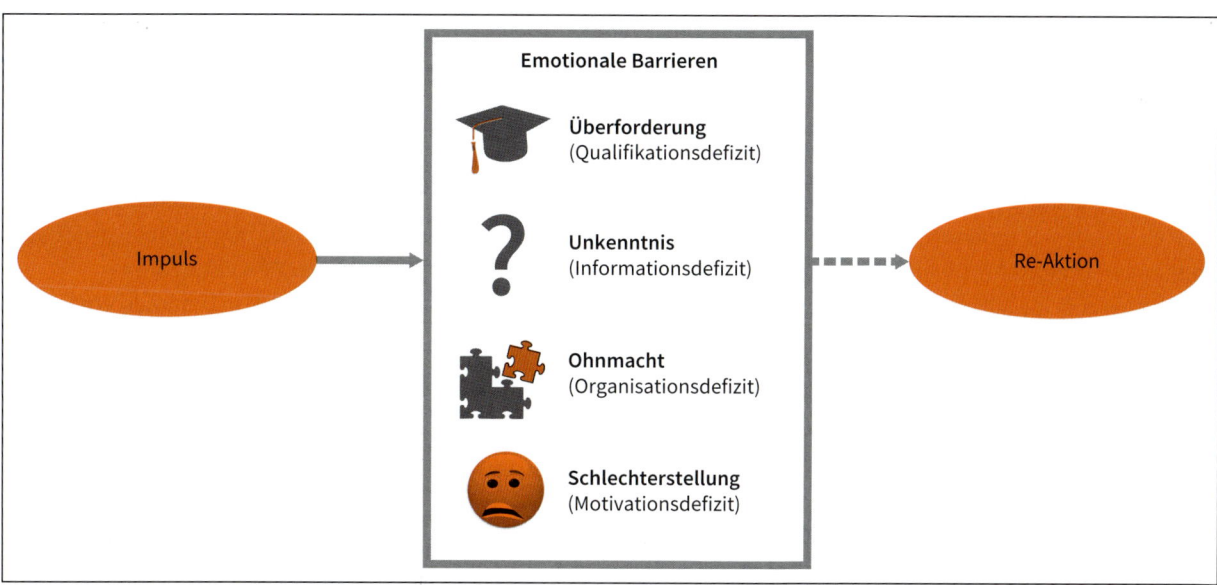

Abb. 4.4: Emotionale Barrieren

Digitale
Trans-
formation

Digitali-
sierung

Business

Change

mutig und frei zu denken und Bestehendes kritisch zu hinterfragen. Man kann dieses Verhalten auch mit der »Spargeltheorie« beschreiben: Ja nicht sein Köpfchen aus dem Boden strecken, denn sonst wird es abgeschnitten! Das sich daraus ergebende Sicherheitsdenken vieler Manager steigerte sich in Zeiten von Compliance, Risikoma-

nagement und dem Zwang zu Quartalsabschlüssen noch weiter und verhindert die Anpassung an neue Wettbewerbsfaktoren wie die Digitale Transformation.

Der zweite Grund für emotionale Barrieren liegt schlicht in der **Unkenntnis** bzw. in einem Informationsdefizit. Dies beginnt bei der fehlenden Information der

4

Betroffenen über die Gründe für anstehende Veränderungen: Warum benötigt man einen 3-D-Drucker oder einen neuen Roboter? Was bringt die Künstliche Intelligenz? Warum sollen nun die Maschinen untereinander vernetzt werden?

Werden Menschen nicht ausreichend informiert, reagieren sie oft mit Ignoranz, Ablehnung oder sogar Aggressionen. Umgekehrt meint noch so mancher Topmanager, dass er seine Mitarbeiter lieber im Unklaren lassen sollte. Nach dem Motto »Management by Champignons« werden die Mitarbeiter lieber im Dunkeln gelassen, mit Mist bestreut, und wenn sich Köpfe zeigen, diese sofort abgesägt.

Ein klassisches Informationsdefizit ist die fehlende Sensibilisierung der Mitarbeiter dafür, wie wichtig Anpassungen an die operative Exzellenz, neue Kundennutzen und -erfahrungen oder innovative Geschäftsmodelle für Unternehmen sind. Denn nur wer sich diesen Herausforderungen immer wieder proaktiv stellt, kann langfristig seine Existenz sichern. Wir wissen aus der Evolutionstheorie, dass nicht die stärksten oder intelligentesten Spezies überleben, sondern diejenigen, die sich am ehesten dem Wandel anpassen können.

Doch führen Informationsdefizite in manchen Unternehmen zu der Auffassung, dass kein Bedarf an neuen Technologien oder Verfahren vorliegt. In Extremfällen werden sogar Kunden und ihre sich ändernden Wünsche als störend empfunden und drohende Gefahren durch neue Wettbewerber, Substitutionen oder gar Disruptionen übersehen. Solche Firmen erachten es meist als ausreichend, regelmäßig ihre Kostenstrukturen zu optimieren und zu »benchmarken«, sie zögern aber gegenüber allem Andersartigen oder gar Revolutionären.

Informationsdefizite und die sich daraus ergebende Unkenntnis entstehen besonders häufig in sich gegenseitig blockierenden Organisationseinheiten. So wie konkurrierende »Fürstentümer« eine gemeinsame Innen- und Außenpolitik behindern, so blockieren Unternehmenseinheiten (z. B. die Einkaufsabteilung gegen das Marketing, das Controlling gegen den Vertrieb) den gegenseitigen Informationsaustausch über Trends, Herausforderungen oder Lösungen und damit jegliche Entwicklung und Anpassung an sich verändernde Märkte.

Die dritte Form emotionaler Barrieren, die ihre Entsprechung in Organisationsdefiziten findet, ist die **Ohnmacht**. Ein zentrales Organisationsdefizit, welches zur Ohnmacht der Beteiligten und damit zu enormen emotionalen Barrieren führt, ist die fehlende Unterstützung durch das Topmanagement bei der Umsetzung von Projekten und damit verbundenen Veränderungen. Es braucht immer mindestens einen echten Machtpromotor für die Unternehmensentwicklung! Diese Machtpromotoren (engl.: Godfathers of Innovations), die im Folgenden noch ausführlicher beschrieben werden, leben die Veränderung vor, kämpfen aktiv und nachhaltig gegen alle Hindernisse, motivieren, kontrollieren und schaffen Freiräume, stellen Budgets, Zeithorizonte und Netzwerke für den Unternehmenserfolg bereit. Fehlen diese Machtpromotoren, dann fühlen sich die Betroffenen im Stich gelassen. Sie fragen sich, warum sie für »die da oben« all die Mühe auf sich nehmen sollen. Ihre persönliche Ohnmacht führt im schlimmsten Fall zum Boykott von Veränderungen.

Ein umgekehrtes Phänomen, welches ebenfalls zur Ohnmacht der Betroffenen führen kann, ist ein rein kurzfristiger und oberflächlicher Aktionismus des Managements. So findet man gelegentlich Unternehmen, in denen – aufgrund ständiger »strategischer« Neuausrichtungen und Restrukturierungen – die Mitarbeiter immer wieder mit neuen Theorien, Vorgaben und Zielrichtungen konfrontiert werden. So manche Großunternehmen irritieren ihre Organisationseinheiten und die dortigen Mitarbeiter mit regelmäßigen organisatorischen Umbenennungen bzw. veränderten Zuordnungen. In solchen Fällen werden moderne Managementansätze wie »Agiles Management« oder die gesamte »Digitale Transformation« gerne als reine Modeerscheinung oder Spleen des aktuellen Managements abgestempelt. Nach einiger Zeit wirkt die Ohnmacht der Mitarbeiter derart, dass sie auf neue Impulse gar nicht mehr reagieren. Sie machen ihren Job nach Vorschrift, fallen nicht auf und leben ihr mündiges Leben vielmehr im Privaten. Sie degenerieren quasi zu »beruflichen Zombies«.

Dies führt zur vierten Begründung emotionaler Barrieren: dem Motivationsdefizit aufgrund einer vermeintlichen **Schlechterstellung**. Gerade in der Lehmschicht des mittleren Managements findet man enorme Motivationsdefizite, wenn es um die Veränderungen durch die Digitale Transformation geht. Sie resultieren aus Angst vor einem Machtverlust gegenüber Untergebenen, der Sorge einer Schlechterstellung gegenüber Kollegen und Vorgesetzten sowie dem sogenannten Not-Invented-Here-Syndrom, also der abwertenden Beurteilung aufgrund des externen Ursprungs der Veränderung.

Veränderungshemmende Motivationsbarrieren existieren aber nicht nur im mittleren Management, sondern auch im Topmanagement. Auch hier spielt die Angst vor einer Schlechterstellung eine wichtige Rolle, bedeutender aber sind Machtansprüche. Denn wo immer Menschen zusammenkommen, treten zwischenmenschliche

Machtspiele auf. Wie sagte schon Abraham Lincoln (1809–1865): »Willst du den Charakter eines Menschen erkennen, so gib ihm Macht.« Hier geht es um das »berufliche Ego«, um Statussymbole wie den Firmenwagen, die Größe des Büros, die Anzahl der zugeordneten Mitarbeiter, den eigenen Bonus oder die Möglichkeiten der statusbezogenen Außenwirkung. Mitarbeiter erleben diese Motivationsbarriere immer wieder bei Vorgesetzten, wenn ihre Vorschläge oder Interventionen dem Chef »gefühlte« Nachteile bringen. Dann erlebt so mancher die Kraft von Gegenargumenten, politischer Ranküne bis hin zu Aggressionen.

Konsequenz

Maßnahmen zur Digitalen Transformation wecken wie dargestellt nicht nur Begeisterung und Freude bei den Betroffenen. Sie führen nicht selten zu (mehr oder weniger) offenen Widerständen und Gegenkräften. Die Verteilung der sogenannten **Veränderungstypen** in Freunde oder Ablehner kann in Form einer Normalverteilung dargestellt werden, wonach nur wenige der Betroffenen einer Neuerung sofort positiv gegenüberstehen (Förderer) und noch weniger Adressaten als Visionäre eine Veränderung gar anstoßen. Die Mehrzahl der von Veränderungen betroffenen Personen teilen sich in positive Mitmacher oder in abwartende Skeptiker auf. Mit ähnlicher Häufigkeit wie auf der positiven Reaktionsseite zeigt sich dann die Fraktion der (passiven) Bremser oder gar aktiven Blockierer.

Als Reaktion auf die Emotionen kommt es im besten Fall zur frühen Akzeptanz des Prozesses der Digitalen Transformation. Diese Akzeptanz kann aktiv, aber ohne Weiteres auch passiv sein. Bei der passiven Akzeptanz gibt der Betroffene zwar seine grundsätzliche Zustimmung zu einem Projekt der Digitalisierung, bietet aber – vielleicht sogar aus nachvollziehbaren Grund – keine aktive Mitarbeit am Projekt an. Dies stellt bei vielen Sachverhalten auch gar kein Problem dar, da viele Stakeholder (wie Kollegen, Gesellschafter, Geschäftspartner oder Kunden) nur gelegentlich informiert oder befragt werden wollen, ohne selbst aktiv viel Zeit in ein Projekt zu investieren.

Anders ist die Situation bei den zentralen Mitgliedern eines digitalen Projektes: Nur wer hier wirklich die Bereitschaft zur aktiven Teilnahme zeigt, sollte in das Projektteam eingebunden werden. Aktive Teilnahme bedeutet bereit zu sein, Zeit, eigene Ideen und Anregungen zur Verfügung zu stellen, und nicht nur gelegentlich in Teamsitzungen für kreative Unruhe zu sorgen. Eine Form der eher störenden Teilnahme, die man humorvoll als »Partizipation by Helikopter« bezeichnen kann: Gelegentlich im

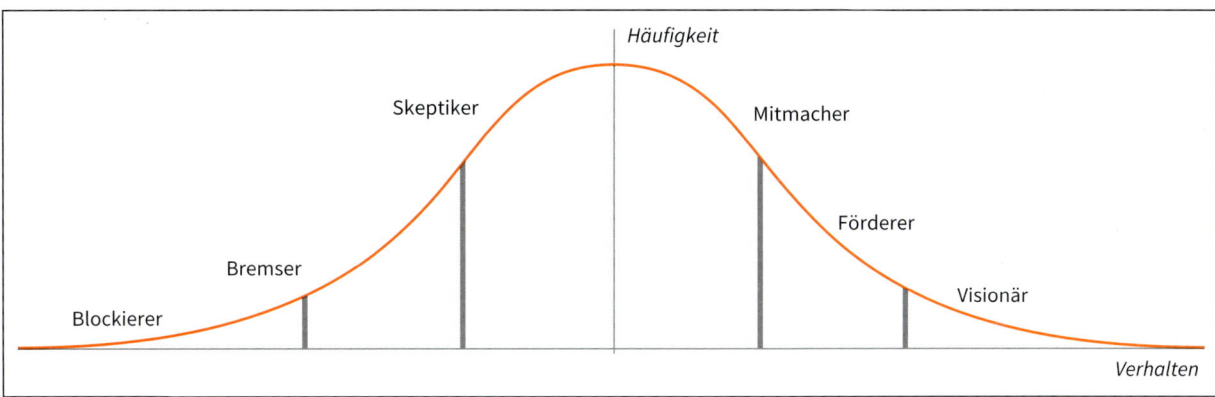

Abb. 4.5: Verteilung der Veränderungstypen

Projekt zu landen, viel Staub aufwirbeln und dann wieder verschwinden. Aktive Teilnahme heißt vielmehr, eigene Wünsche, Kritik- und Diskussionspunkte beizutragen und sich selbst, seinen Bereich und bisherige Vorgehensweisen infrage zu stellen.

Negative Emotionen können aber auch zu mehr oder weniger offenen **Widerstand** führen. Dieser äußert sich erneut in einer aktiven oder passiven Handlung (Doppler/ Lauterburg 2001). Bei einem aktiven Angriff versuchen die Gegner die Transformation mit offenem Widerspruch oder nonverbalem Verhalten zu blockieren. Bei der passiven Flucht bagatellisieren sie ein Projekt oder blieben diesem einfach fern. Beide Widerstandsmuster behindern eine positive Digitale Transformation.

Umso mehr müssen im Rahmen einer Digitalen Transformation die emotionalen Barrieren identifiziert, analysiert und überwunden werden, damit diese überhaupt durchführbar ist und die Organisationen wettbewerbsfähig bleiben. Die Ansatzpunkte dazu bieten die Instrumente des im Folgenden beschriebenen 3C-Modells.

Digitale
Trans-
formation

Digitali-
sierung

Business

Change

	Verbal (Reden)	Nonverbal (Verhalten)
Aktiv (Angriff)	Widerspruch Gegenargumente, Vorwürfe, Drohungen, Formalismus	Aufregung Unruhe, Streit, Intrigen, Gerüchte, Cliquenbildung
Passiv (Flucht)	Ausweichen Schweigen, Bagatellisieren, Blödeln, Ins Lächerliche ziehen, Debattieren	Lustlosigkeit Unaufmerksamkeit, Müdigkeit, Fernbleiben, innere Kündigung, Krankheit

Abb. 4.6: Muster des Widerstands

4.2 Consequence

Definition

Consequence steht für eine moderne, konsequente Führung in Zeiten des agilen Managements mit einer gesunden Mischung aus Organverantwortung der Unternehmensführung und Eigeninitiative der Mitarbeiter als die wahren Kompetenzträger.

Im Rahmen agiler Organisationen übernehmen verschiedene Personengruppen aufgrund ihrer Rollen unterschiedliche Verantwortungen: Das Management ist Stratege und Nutzenstifter, unterliegt jedoch auch der Organhaftung. Die Mitarbeiter übernehmen Eigenverantwortung aufgrund ihrer Eigeninitiative, Teamverantwortung im Rahmen agiler Projekte und unternehmensweite

Verantwortung, da sie ihre Organisationseinheit quasi als psychologisches Eigentum betrachten.

Consequence impliziert des Weiteren einen klaren Fokus auf Schnelligkeit und Iterationen. Realisiert werden soll dies durch die Aufteilung von Themen in kleine, kurzfristig realisierbare Projektaufträge (Ziel: Quick Wins) sowie die kontinuierliche Überprüfung der Projektaktivitäten mittels Feedbackschleifen mit allen relevanten Stakeholdern (wie externen und internen Kunden).

Im Rahmen der konsequenten Führung beschreibt die **Ambidextrie** die Fähigkeit von Organisationen, gleichzeitig effizient im Bestandsgeschäft und innovativ bei den Leistungen, Prozessen und Geschäftsmodellen zu sein. Nur wer diese beiden Pole in seinem Unternehmen verbindet, schafft den Spagat zwischen Sicherung des Bestands und Aufbau von Neuem.

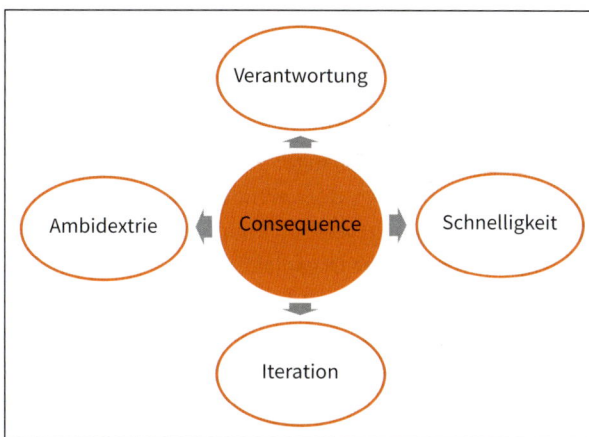

Abb. 4.7: Elemente der Consequence

Praxis

In vielen Organisationen dominieren noch lehmschicht-
artige Ebenen im mittleren Management. Aus dem Versuch, klare Arbeitsabläufe und Strukturen zu schaffen, die
effizientes Arbeiten ermöglichen, kommt es zu starren,
innovationsfeindlichen und digitalen Neuerungen oft ab-
geneigten Organisationsformen.

In der Praxis begegnen uns zudem oft viel zu große Projektteams, in denen jeder, der irgendwie von Bedeutung

ist, in ein Projekt eingebunden wird. Nach dem Motto »Alle
Betroffenen zu Beteiligten machen« entstehen so Teams,
die erstens aufgrund der Größe nicht mehr zu steuern sind,
und deren Teilnehmer zweitens wegen des parallel stattfindenden Tagesgeschäfts kaum Zeit für die eigentliche
Projektarbeit haben. Treffen sich alle Projektbeteiligten
dann nach Wochen wieder einmal, kommt es oft zu Mara-
thon-Sitzungen, die auch noch ergebnislos enden.

Ein weiteres Problem ergibt sich aus dem Wunsch,
schon vom Start weg alle möglichen Aspekte in einem
Pflichten- bzw. Lastenheft zu sammeln und zu bewerten.
Dies dient grundsätzlich der frühen Evaluierung von Kosten, Risiken, Meilensteinen und Verantwortungen. Doch
leider passt dieses klassische Wasserfallmodell nicht
mehr in die VUCA-Zeiten der heutigen Digitalen Transformation. Hier braucht es vielmehr kurzfristige Anpassungen an sich ständig verändernde Marktentwicklungen
und den Mut, einfach mal loszulegen, ohne dabei zentrale
Managementaufgaben wie Ziel-, Kosten- und Gewinnori-
entierung aus den Augen zu verlieren.

Konsequenz

Zur Überwindung solcher Lehmschichten und der Vermeidung von Marathonsitzungen, die vielfach lange, teure
und wenig erfolgreiche Projektverläufe nach sich ziehen,

Digitale
Trans-
formation

Digitali-
sierung

Business

Change

haben sich im Rahmen der Digitalen Transformation moderne Managementmethoden entwickelt, die es konsequent auf die Anwendbarkeit für konkrete Themen zu prüfen und – wo immer möglich – einzusetzen gilt. Diese modernen Methoden werden gerne mit dem Sammelbegriff der **Agilität** bezeichnet. Zu ihnen gehören Innovationsmethoden wie Customer-Development-Prozess, Lean Startup und Design Thinking, Projektmanagementtechniken wie Scrum und Kanban oder Zielvorgabesysteme wie Objectives and Key Results (OKR), die im Folgenden näher erklärt werden.

Der Begriff der **Agilität** wurde schon kurz vor der Jahrtausendwende von der Softwareentwicklung aufgegriffen. Das sogenannte Agile Manifest, das bei einem Treffen von Softwareentwicklern in Utah im Februar 2001 aufgestellt wurde, formuliert vier Kernaussagen (www.agile-manifesto.org):

1. Menschen und Interaktionen stehen über Prozessen und Werkzeugen.
2. Funktionierende Software steht über einer umfassenden Dokumentation.
3. Zusammenarbeit mit dem Kunden steht über der Vertragsverhandlung.
4. Reagieren auf Veränderung steht über dem Befolgen eines Plans.

Das Ziel der Agilität ist es, die reine Entwurfsphase für eine neue Software oder ein neues Produkt auf ein Mindestmaß zu reduzieren und im Entwicklungsprozess so früh wie möglich zu ausführbaren Prototypen oder (Zwischen-)Produkten zu gelangen, die dann in regelmäßigen, kurzen Abständen dem Kunden zur gemeinsamen Abstimmung vorgelegt werden können.

Aber Achtung: Keine Organisation wird von einem Tag auf den anderen agil! Strukturen und Prozesse, aber vor allem die Unternehmenskultur brauchen Zeit, um sich auf agile Methoden umzustellen. Wie eine Pflanze muss sich die Organisation erst zur Agilität entwickeln. Die folgenden Grundzüge und Methoden helfen bei diesem Transformationsprozess und wurden mehrmals in praktischen Projekten bestätigt.

Agile Softwareentwicklung

Die Softwareentwicklung diskutiert die agile Vorgehensweise spätestens seit 1999, als Kent Beck mit Kollegen das erste Buch zu »Extreme Programming« veröffentlichte. In der Folge haben sich verschiedene agile Methoden zur Softwareentwicklung etabliert das gleichnamige Extreme Programming (XP), bei dem Anforderungen der Kunden in kleinen Schritten übernommen werden, Rapid Application

Development (RAD) mit einem prototypischen Vorgehen, Adaptive Software Development (ASD), eine Weiterentwicklung von RAD mit vierwöchigen Fortschrittskontrollen sowie eine ganze Familie von Softwareentwicklungsmethoden namens Crystal inklusive einfachsten Variante Crystal Clear.

4.2.1 Verantwortung

Definition

Der Duden definiert Verantwortung als die Verpflichtung, aus einer bestimmten Aufgabe oder Stellung heraus dafür zu sorgen, dass innerhalb eines gegebenen Rahmens ein

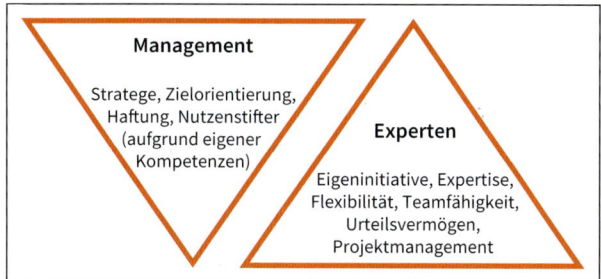

Abb. 4.8: Agile Verantwortung

guter Verlauf stattfindet und kein Schaden entsteht. Entsteht dennoch ein Schaden, so übernimmt der hierfür Verantwortliche die Verpflichtung, für das Geschehene einzustehen. Verantwortliche Personen legen gegenüber Organisationen und Stakeholdern für ihr Handeln Rechenschaft ab.

Im Rahmen agiler Organisationen übernehmen verschiedene Personengruppen aufgrund ihrer Rollen unterschiedliche Verantwortungen. Das (Top-)Management gibt als Stratege die Vision, die Mission und die Ziele des jeweiligen Organisationsbereichs vor und übernimmt die (Organ-)Haftung, wie von Rechts wegen vorgeschrieben. Basierend auf den eigenen fachlichen und sozialen Kompetenzen dient das Management ferner als Nutzenstifter für die Teammitglieder. Dies beinhaltet auch die zeitliche und fachliche Verfügbarkeit und eigene Präsenz in kritischen Situationen. Das Management ist aber immer weniger reiner Koordinator oder »Besserwisser«.

Denn zunehmend übernehmen die eigentlichen Experten aufgrund ihrer Expertise, ihren Kompetenzen und ihres Urteilsvermögens die Verantwortung für Projekterfolge. Gefördert wird diese Rolle durch die Eigeninitiative der Experten hin zur autonomen Arbeit (alleine oder im Team) sowie zur Übernahme von (Teil-)Projektverantwortungen.

Ohne das verantwortungsvolle Commitment beider Personengruppen ist die Digitale Transformation nicht umsetzbar. Beide Parteien engagieren sich, sind zum richtigen Zeitpunkt präsent und leben eine kollaborative, motivierende, aber auch konsequente Kommunikation vor.

Praxis

Die Digitale Transformation fördert die Delegation von Verantwortung, die Eigeninitiative und das autonome Arbeiten der Mitarbeiter. Dieser Grundgedanke ist nicht neu: Etablierte Modelle wie Management by Objectives (kurz: MbO), Management by Results (MbR) oder der Balanced Scorecard (BSC) zielen ebenfalls auf die Delegation von Verantwortung und Eigeninitiative. Neu ist aber das Verständnis, dass neben Aufgaben und Zielen auch die Entscheidungen selbst delegiert werden müssen. Es gilt, jene Menschen viel mehr in Entscheidungsprozesse zu integrieren, die die beste Fachexpertise besitzen. Der Kogründer des größten Musikstreaming-Dienstes der Welt »Spotify«, Daniel Ek, formulierte diesen Ansatz wie folgt: »Ein guter Mitarbeiter trifft in 70 Prozent aller Fälle dieselben Entscheidungen wie sein Chef. In 20 Prozent fällt er bessere Entscheidungen, weil er von der Sache mehr Ahnung hat. Und in 10 Prozent liegt er daneben.«

(Brand Eins, 03/2015, S. 88 ff.). Die Marschrichtung ist klar: Nicht fragen, sondern machen! Die richtig guten und innovativen Schritte, die ein Start-up voranbringen, bleiben sonst aus. Extremer hielt es früher Google mit seiner schon vorgestellten »20-Prozent-Regel«. Bis 2013 durften die Google-Mitarbeiter einen Tag pro Woche eigenen, frei gewählten Projekten widmen und in diesen eigenen Entscheidungen fallen.

Die Botschaft dahinter lautet: Nicht zu viel Zeit mit Diskutieren oder Nachfragen zu verbringen, sondern die Experten ihre Themen und Aufgaben selbst bestimmen lassen. Mehrere agile Managementmethoden basieren auf dieser Botschaft und werden auf den folgenden Seiten ausführlich erläutert. Ob Scrum, Lean Startup oder Objectives and Key Results (OKR) – sie alle haben gemeinsam, dass die Verantwortung von Projekterfolgen auf die Fachleute (beispielsweise das sogenannte Entwicklungs- oder Scrum-Team) delegiert werden. Scrum hat für diese Verantwortung sogar einen eigenen Begriff entwickelt, die »Accountability«. Jeder Teilnehmer in einem Scrum-Projekt wird für verschiedene Rollen und Ergebnisse »accountable«, worunter nicht nur zu verstehen ist, dass Aufgaben richtig erfüllt werden, sondern es auch zu erklären gilt, warum etwas nicht funktioniert.

Konsequenz

Gerade dieser letzte Satz beinhaltet eine zentrale Botschaft der gesamten Digitalen Transformation: Es geht heute weniger um Kontrolle im Sinne des Einhaltens von Richtlinien oder des Bewertens der Besten/Schlechtesten, sondern um das Ziel der Verbesserung. »Lasst uns aus Fehlern lernen« ist die Devise, solange diese Fehler für eine Organisation nicht illegale oder existenzielle Folgen haben.

Die Übernahme von Verantwortung verlangt auch das Bewusstsein von jeder an einem Transformationsprozess beteiligten Person, dass eine Rolle nicht nur Freiräume und Chancen bietet, sondern mit Pflichten und Konsequenzen verbunden ist. Verantwortliche Innovatoren und Transformatoren sind sich der Bedeutung ihrer Aktivitäten und Entscheidungen bewusst und handeln entsprechend. Alle Teammitglieder tragen mit ihrem Fachwissen und ihrer ganzen Einsatzkraft konstruktiv zum Gelingen eines Prozesses und Projektes bei. Kommt man dieser Aufgabe nicht nach, sollte dies mindestens zu einer offenen Diskussion, zu einer Ermahnung oder – als Ultima Ratio – zum Verweis aus dem Team führen.

Bei aller Bereitschaft zur kollaborativen Zusammenarbeit benötigt es klarer Regeln über die jeweilige Verantwortung für eine Entscheidung. In Zeiten von Compliance, Verbraucherschutz etc. sind die Rechte und Pflichten der Unternehmensleitung (Organhaftung) zu berücksichtigen. Agilität und Kollaboration stehen hier in keinem Widerspruch. Eine Führungskraft kann kollaborativ seine Experten in die von ihm zu verantwortende Entscheidung einbinden. Oder anders formuliert: Wenn er seine Experten nicht offen und transparent einbindet, dann trifft er vielleicht erst recht eine falsche, möglicherweise sogar gefährliche Entscheidung.

Jedoch ist nicht jeder Mitarbeiter in der Lage, Verantwortung für ein (Teil-)Projekt oder für ein temporäres Team zu übernehmen. Mitarbeiter eines niedrigeren Reifegrades benötigen langfristige Strukturen und klare Hierarchien mit disziplinarischen Vorgesetzten. Schon das Reifegradmodell von Paul Hersey und Ken Blanchard aus dem Jahr 1977 (siehe auf der Folgeseite und Abbildung 4.9) beschreibt, dass nicht alle Mitarbeiter den Reifegrad zur Partizipation oder gar zur Übernahme von Verantwortung haben. Sie sind vielleicht kreative Ideengeber oder einfach nur sehr gute Fachleute und Umsetzer, bevorzugen jedoch klare Anweisungen bzw. Erklärungen für Entscheidungen. Solche Mitarbeiter dürften es mit jenen agilen Organisationsstrukturen, die in der Folge unter dem Begriff Holokratie diskutiert werden, schwer haben.

Das Reifegradmodell von Hersey und Blanchard

Das Reifegradmodell beschreibt, wie Mitarbeiter je nach ihrer persönlichen Entwicklung geführt werden sollen. Entsprechend des Reifegrades kann man die Mitarbeiter mehr oder weniger selbstständig mit Aufgaben und Verantwortungen belasten bzw. fördern. Dabei ist der Reifegrad des Mitarbeiters abhängig von der jeweiligen »Job Maturity« (Fähigkeit, Wissen) und »Psychological Maturity« (Wille, Bereitschaft, Motivation), dargestellt als Pfeil in der Abbildung 4.9.

Mitarbeiter mit einem niedrigen Reifegrad benötigen eine stark aufgabenbezogene Führung, mit klaren Anweisungen und Kontrollen. Man spricht auf dieser Entwicklungsstufe von einer Führung mittels Unterweisung (Telling). Mit Zunahme des Reifegrades wächst die Bedeutung des persönlichen Kontakts. Diese Mitarbeiter wollen überzeugt werden (Selling), damit sie Entscheidungen nachvollziehen können. Die dritte Stufe des Reifegrades öffnet die Möglichkeit, Mitarbeiter an den Entscheidungen partizipieren (Participating) zu lassen. Hier werden Ideen nicht nur erklärt, es werden auch eigene Anregungen und Entscheidungen der Mitarbeiter gewünscht. Der vierte und höchste Reifegrad beinhaltet die Delegation (Delegating) von Verantwortungen auf Mitarbeiter, die nicht mehr intensiv persönlich betreut werden müssen und die ganze Sachverhalte – und nicht einzelne Aufgaben – reflektieren (Hersey/Blanchard 1982).

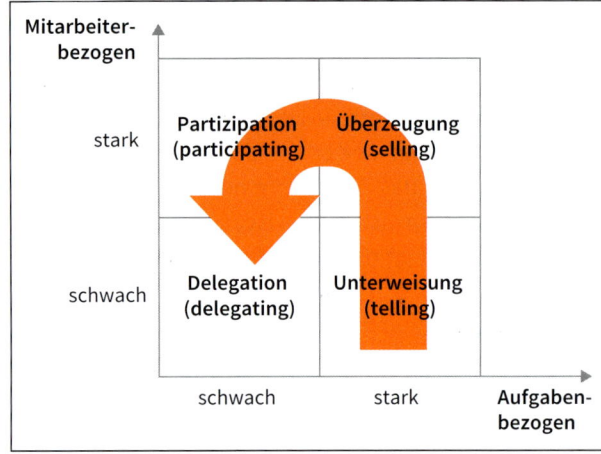

Quelle: Hersey und Blanchard

Abb. 4.9: Reifegradmodell von Hersey und Blanchard

4.2.2 Schnelligkeit

Definition

Beim Start von Transformationsprojekten sind noch (fast) alle Projektteilnehmer hoch motiviert. Mit dem Projektalltag verliert jedoch ein Projekt an Attraktivität – auch aufgrund des mitunter stressigen Tagesgeschäfts – und die Bereitschaft der Teilnehmer, sich selbst aktiv und mit viel Zeit zu beteiligen, geht signifikant zurück. Um dieses Verhalten zu vermeiden, gibt es eine wirksame Lösung: Schnelle Erfolge! Denn in Projekten jeglicher Art gilt das Motto: Menschen benötigen kurzfristige Erfolge. Man darf sie nicht zu lange darauf warten lassen, jeder Erfolg zählt.

Die Konzentration auf kurzfristige Aktionen ist einer der zentralen Eckpunkte des agilen Managements. Es ist wichtiger, kurzfristig Erfolge nachzuweisen, als (nach längerer Zeit) das fest definierte Ergebnis zu erreichen. In Anlehnung an das magische Dreieck des Projektmanagements stellt die Abbildung 4.10 diesen zentralen Unter-

schied zwischen dem klassischen und dem agilen Management von Innovationsprojekten vereinfacht dar. Im agilen Management wird im Falle von Engpässen zuerst der Leistungsumfang verringert, da es wichtiger ist, im vereinbarten Zeitraum nutzbare Lösungen abzuliefern. Demgegenüber erhöht das klassische Projektmanagement eher den Zeitbedarf und verschiebt den Endtermin für einen Meilenstein, damit auf jeden Fall das definierte Leistungsziel erreicht wird. Das Leistungsziel selbst, also der Gesamtumfang und die geforderte Qualität, werden im klassischen Projektmanagement zuerst mit einem Lastenheft und später im Pflichtenheft definiert. Anders im agilen Management: Dort wird der sogenannte Anforderungskatalog im fortschreitenden Projektverlauf ergänzt, konkretisiert, aber teilweise auch wieder verworfen.

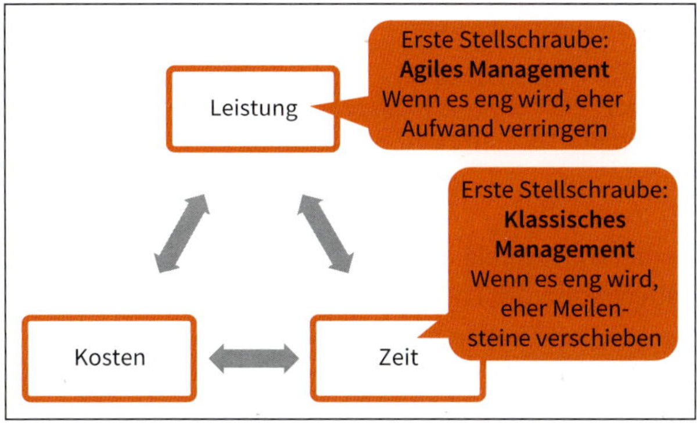

Praxis

Zwei Regeln helfen bei der Realisierung von schnellen Erfolgen: Erstens die Aufgliederung des Gesamtprojektes in kleine abgegrenzte Teilaufgaben mit kurzen Planungshorizonten. Zweitens der Abgleich der Teilaufgaben mit realistischen Meilensteinen. Meilensteine dienen dabei als zeitliche Eckpunkte im Projektmanagement, zu denen bestimmte Zwischenergebnisse (Deliverables) vorliegen müssen oder Zwischenabnahmen (Reviews) stattfinden,

Abb. 4.10: Stellschrauben des Projektmanagements

Entscheidungen getroffen werden bzw. Projektphasen enden und neue Phasen starten. Erst die Zeitziele der Meilensteine bilden die Basis dafür, dass einzelne Teilaufgaben in kurzen Phasen wirklich realisiert werden.

Eine praxiserprobte Technik für die Steuerung von Projekten im Rahmen der zeitlichen Verfügbarkeit aller Projektbeteiligten ist die **Kanban**-Technik. Mittels einer einfachen Übersicht an einer Tafel, einem Whiteboard oder einer Metaplanwand schafft Kanban zunächst einmal eine gute Transparenz über die Anzahl paralleler Aktivitäten und möglicher Engpässe. Basierend auf dieser Transparenz werden die aktuell stattfindenden Arbeiten (**Work in Progress**, kurz: WiP) mit Blick auf die (realistische) Umsetzbarkeit priorisiert.

Jede Aufgabe bzw. jedes (Teil-)Projekt erhält eine (reale oder elektronische) Karte, die einer bestimmten Entwicklungsstufe zugeordnet wird. Erst wenn ein Arbeitsteam eine frühere Aufgabe erledigt hat, holt es sich selbstständig die nächste Aufgabe aus dem jeweils vorgelagerten Aufgabenpool. Die Vorgehensweise wird in Abbildung 4.11 verdeutlicht: Projekt 3 steht kurz vor der Fertigstellung. Doch erst, wenn dieses Projekt wirklich in die Liste der abgeschlossenen Projekte überführt wurde, können aus den anstehenden Aufgaben die jeweiligen Teilprojekten 5a und 5b oder das Projekt 6 angegangen werden.

Der Ursprung von Kanban

Die Kanban-Projektmanagementmethode wurde ursprünglich von David J. Anderson als Instrument für die Softwareentwicklung eingeführt (Anderson 2011). Der Begriff Kanban setzt sich aus den beiden japanischen Begriffen »Kan« (Signal) und »Ban« (Karte) zusammen. Das Konzept selbst basiert auf dem klassischen Lean-Management-Ansatz. Immer wenn in einem Fertigungsprozess ein Mindestvolumen an für den Prozess notwendigen Rohstoffen oder unfertigen Erzeugnissen entsteht, signalisiert dies eine Kanban-Karte. Diese Karte dient dann nicht nur dem Anstoß einer Nachlieferung, sondern kann auch physisch zu dem vorgelagerten Produktionsschritt transportiert werden. Während sich also der Fertigungsfluss vom ersten bis zum letzten Prozessschritt bewegt, fließt die Information umgekehrt von der letzten bis zur ersten Produktionsstufe. Es kommt zu einem gleichmäßigen Informations- und Materialfluss in der Fertigung, wodurch Lagerbestände und Engpässe reduziert werden.

Der zentrale Aspekt bei Kanban ist die Limitierung der Aufgabenkarten pro Entwicklungsstufe. Nach dem Grundgedanken von Kanban darf eine »Station«, also ein Projektmitarbeiter oder -team, nur dann eine Aufgabe ziehen, wenn diese tatsächlich abgearbeitet werden kann, also die früheren Aufgaben erfolgreich abgeschlossen und wei-

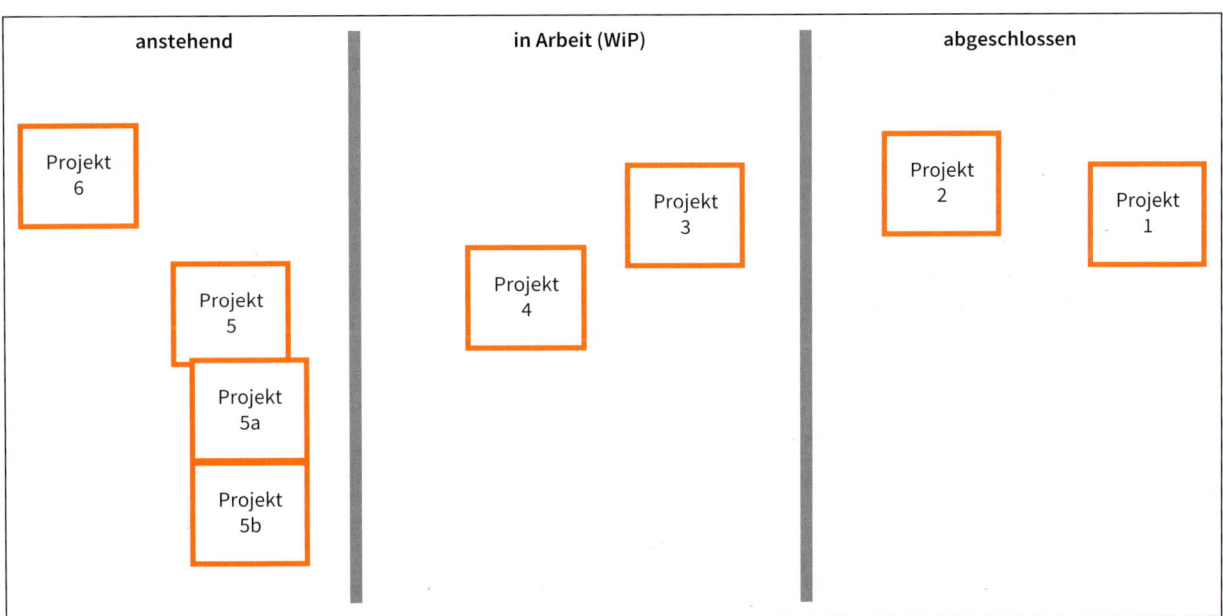

anstehend	in Arbeit (WiP)	abgeschlossen
Projekt 6	Projekt 3	Projekt 2
Projekt 5	Projekt 4	Projekt 1
Projekt 5a		
Projekt 5b		

Abb. 4.11: Kanban-Methodik

tergegeben wurden oder darüber hinaus noch freie Zeitressourcen vorhanden sind. Dazu bedarf es einer klaren Kapazitätsbestimmung der einzelnen Stationen sowie einer konsequenten Priorisierung der einzelnen Aufgaben. Die Übersicht aller Kanban-Karten zeigt dann, wo sich Engpässe (Bottlenecks) ergeben, an denen sich Aufgaben stauen.

Eine weitere agile Methode mit dem Fokus auf schnelle Erfolge ist **Scrum**. Scrum selbst hat nur wenig mehr Regeln als Kanban und ist mit diesem Ansatz auch

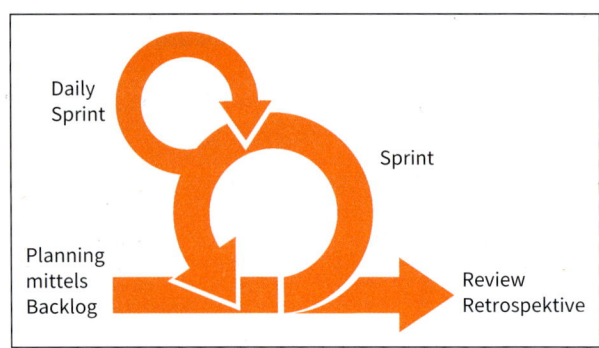

Abb. 4.12: Scrum-Methode

gut kombinierbar. Die Projektmanagementmethode besteht aus lediglich fünf Aktivitäten, drei Artefakten und drei Rollen. Die fünf Aktivitäten gruppieren sich um den zentralen Ansatz von Scrum: der Aufteilung des Projektverlaufs in Arbeitsabschnitte (sogenannte Sprints), welche in rund 30 Tagen immer zu vorzeigbaren Ergebnissen führen. Der größere Kreis der Abbildung 4.12 verdeutlicht diesen Sprint. Bei den fünf Aktivitäten handelt es sich um

1. die Sprint Planung (**Sprint Planning**),
2. den täglichen Zwischenbericht (**Daily Scrum**, in der Abbildung der kleine Kreis links oben),
3. die Überprüfung des Sprint-Ergebnisses (**Sprint Review**),

4. die Überprüfung der bisherigen Arbeitsweise (**Sprint Retrospektive**) sowie
5. der fortlaufende Prozess der Überarbeitung des gesamten – im Rahmen des Businessplans bereits erwähnten – Anforderungskatalogs (**Product Backlog Refinement**).

Dieser Anforderungskatalog (Product Backlog) stellt neben dem aktuellen Plan für jeden Sprint (Sprint Backlog) sowie der Dokumentation aller Backlog-Einträge (Product Increments) eines der drei Artefakte des Scrums dar. Folgende drei Rollen kommen nach Scrum bei Projekten zum Tragen: Der **Product Owner** als Auftraggeber und Sponsor, der **Scrum-Master** als Prozesspromotor sowie das sich selbst organisierende (Projekt-)**Entwicklungsteam**.

Die Entwicklungsteams arbeiten als kleine, selbstorganisierte Einheiten und bekommen von außen nur die grundsätzliche Richtung vorgegeben, bestimmen aber selbst die Taktik, wie sie ihr gemeinsames Ziel erreichen. Nur anlässlich der Sprint Reviews werden alle projektrelevanten Stakeholder (Kunden, Anwender und Management) eingeladen, während einer Dauer von zwei Stunden die Ergebnisse der letzten 30 Tage zu erfahren, als kurzfristige Erfolge zu würdigen, die nächsten Schritte zu diskutieren und Entscheidungen zu treffen. Zwischen diesen (ungefähr) 30 Tagen kann das Projektteam autonom an seinem Projekt arbeiten und wird nicht von äußeren Faktoren (neue Wünsche bzw. Kritiken von Stakeholdern) gestört.

Hintergrund

Ursprung von Scrum

Der Begriff Scrum stammt von Ikujirō Nonaka und H. Takeuchi und beschreibt das Gedränge im Rugby-Sport (engl.: Scrum) als Analogie für außergewöhnlich erfolgreiche Produktentwicklungsteams. 2001 veröffentlichten Ken Schwaber und Mike Beedle mit »Agile Software Development with Scrum« das erste Buch über Scrum. Hier formulierten sie ihre Erfahrungen aus früheren Projekten mit einem neuen Verständnis der Rollen von Projektleitern, die nicht mehr »Chefs« eines Projektteams, sondern Verantwortliche des Projektprozesses waren.

Konsequenz

Schnelligkeit heißt nicht nur, dass das Team beim Projektfortschritt kurzfristige Erfolge nachweisen kann. Schnelligkeit bedeutet auch, dass jedes Projektmitglied selbst in der Lage ist, kurzfristig einen eigenen Beitrag zu liefern. Doch viel zu oft fehlen – wegen des Tagesgeschäftes oder aus anderen Gründen – zentrale Projektmitarbeiter bei wichtigen Projektaufgaben. Gerade aber die mangelnde Verfügbarkeit von Projektmitarbeitern und Stakeholdern ist das zentrale Problem vieler Projekte und führt nicht selten zu ihrem Scheitern.

Üblicherweise sind es immer die gleichen, überdurchschnittlich guten Mitarbeiter, die zur Mitarbeit in Projektteams aufgefordert werden. Das ist zwar schön für die individuelle Wertschätzung dieser Mitarbeiter, verhindert aber den schnellen Ablauf von Projekten. Daher sollten nur Projektteilnehmer ausgewählt werden, die über genügend freie Zeiten verfügen, um sich der Projektarbeit widmen zu können; eigentlich eine Selbstverständlichkeit, die aber allzu oft missachtet wird!

Merke

Zeit für Projektarbeit

Je nach Art und Bedeutung einzelner Projekte zur Digitalen Transformation und der Funktion des einzelnen Teammitglieds können pro Woche 0,5 bis drei Tage anfallen. Für diese Zeit sollten die Mitarbeiter vom Tagesgeschäft befreit sein, um ohne Störungen arbeiten zu können.

Die Kanban-Methode berücksichtigt die zeitliche Verfügbarkeit aller Beteiligten, indem sie die maximale Kapazität an freien Zeitressourcen für den »Work in Progress«

Digitale
Transformation

Digitalisierung

Business

Change

festlegt. Wenn also alle Teilnehmer pro Monat maximal zehn Arbeitsstunden für das Projekt investieren können, dann liegt die Kapazität für die nächsten 30 Tage bei eben diesem Wert.

Schnelligkeit resultiert bei den vorgestellten Methoden aus der Aufgliederung in kleine abgegrenzte Teilaufgaben mit kurzen Planungshorizonten und realistischen Meilensteinen sowie aus der Autonomie der Projektteilnehmer, ihre Aufgaben selbstständig und erfolgsorientiert abzuarbeiten. Doch diese Autonomie bedeutet für manche Führungskräfte eine besondere Herausforderung, sind sie es doch gewohnt, jeden Schritt und jede noch so kleine Diskussion aktiv zu begleiten. Scrum und andere agile Methoden favorisieren wie dargelegt selbstständig agierende, autonom entscheidende und für sich selbst verantwortliche Projektteams. Die Kontrolle und Einflussnahme fällt dabei nicht aus, sie wird lediglich auf die Abstimmungen der Zwischenergebnisse (Sprint Reviews) konzentriert.

4.2.3   Iteration

Definition

Unter Iteration (lat.: iterare – wiederholen) versteht man das mehrfache Wiederholen ähnlicher Handlungen zur Annäherung an eine Lösung oder ein bestimmtes Ziel. Im Zusammenhang mit der Digitalen Transformation bedeutet Iteration, dass man in der Regel nicht beim ersten Versuch einer digitalen Maßnahme gleich die beste Lösung finden wird. Vielmehr benötigt es mehrere Versuche mit Feedbackschleifen aus Planungen (Plan), Entwicklungen (Build), Freigaben (Release), Tests (Test) und Verbesserungen (Improve). Ziel ist die fortlaufende Überprüfung und Weiterentwicklung der möglichen (Produkt-, Prozess-, Geschäftsmodell-)Innovationen auf ihre spätere Anwendbarkeit, Leistungsfähigkeit und Qualität sowie ihre Konsistenz und ihren Nutzen. Schon bevor ein neues Produkt in die Produktion geht oder ein Prozess verändert wird, gilt es, das Konzept der möglichen Innovation bei den potenziellen Anwendern hinsichtlich Funktionalität, Design, Nutzung und genereller Akzeptanz zu überprüfen, um es gegebenenfalls zu modifizieren oder gar fallenzulassen.

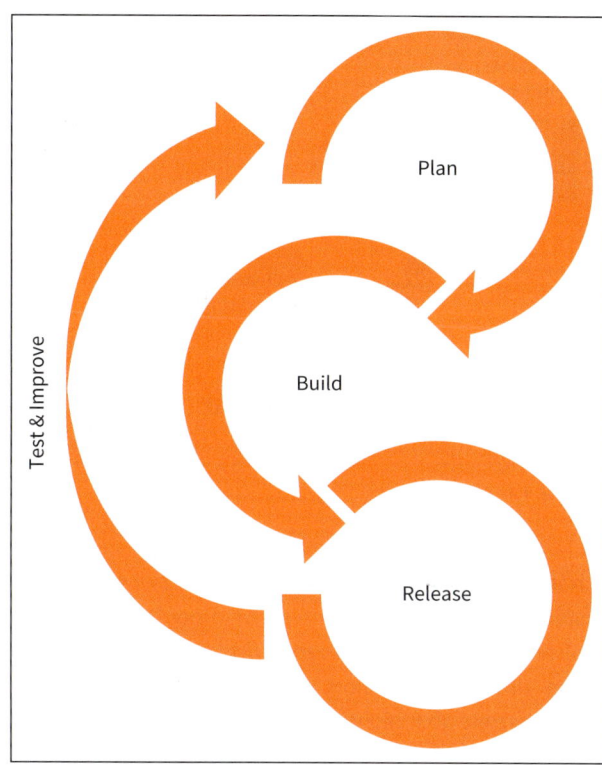

Abb. 4.13: Iteration

Digitale
Trans-
formation

Digitali-
sierung

Business

Change

Praxis

Moderne agile Methoden wie der Customer-Development-Prozess, Lean Startup und Design Thinking haben bewusst einen iterativen Projektablauf, um Nachteile des klassischen Projektmanagements mit seinem Wasserfallmodell zu kompensieren. Denn dieses Modell beruht nur auf vorwärts gerichtetem, schrittweisen Vorgehen, was grundsätzlich nicht falsch ist: Hier hat jede Phase einen vordefinierten Start- und Endpunkt mit eindeutig definierten Ergebnissen. In Meilensteinsitzungen am jeweiligen Phasenende werden die Ergebnisdokumente verabschiedet und erst dann darf zur nächsten Phase übergegangen werden. Ein Zurückgehen, wie bei einer Iteration gewünscht, ist hier jedoch nicht vorgesehen.

Eine aktuell häufig anzutreffende Wasserfallmethodik ist das **Stage-Gate**-Modell von Robert G. Cooper mit sogenannten Toren (Gates) als Meilensteine, die nur passiert werden dürfen, wenn das zuständige Team eine entsprechende Entscheidung getroffen hat. Die Anzahl der Phasen kann in Abhängigkeit von den Bedürfnissen einer Branche bzw. des konkreten Unternehmens variieren. So kann es in Entwicklungsprojekten bis zu 10 Phasen mit weit über 100 Gates geben. Der Vorteil dieses Verfahrens ist die konsequente Ausrichtung auf den erfolgreichen Abschluss konkreter Meilensteine und der damit verbundenen Sicherstellung einer gewünschten Qualität, Dokumentation und Haftung.

Auf den ersten Blick ähnelt die von Steve Blank entwickelte Methodik des **Customer-Development-Prozesses** dem Wasserfallmodell. Mit vier Schritten unterstützt sie junge Unternehmen dabei, innovative Produkte zu entwickeln, diese zu validieren und als Start-up die eigene Ge-

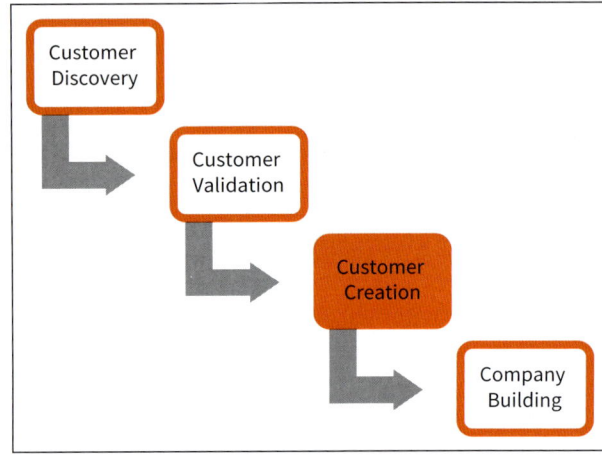

Abb. 4.14: Customer-Development-Prozess

schäftsgrundlage mit realen Kunden zu sichern. In der ersten Phase, der sogenannten Customer Discovery, formulieren die Unternehmensgründer ihre Unternehmens- und Produktvision. Sie identifizieren die Unternehmensziele aber nicht mehr anhand von Pflichten- und Lastenheften, sondern mittels Hypothesen über ihr mögliches Geschäftsmodell und die potenziellen Kunden. Spätestens in der zweiten Phase, der Customer Validation, kommt es zu einem intensiven iterativen Prozess.

Zur Überprüfung einer möglichen Marktakzeptanz und Skalierbarkeit des Geschäftsmodells werden die Hypothesen des Geschäftsmodells und der angedachten Leistungen mittels mehrerer Prototypen schrittweise im Entwicklungsverlauf validiert, verfeinert und bis zu marktfähigen Produkten weiterentwickelt. In der dritten Phase, der Customer Creation, erfolgt dann die eigentliche Marktdurchdringung mittels Vertrieb, Werbung etc., während in der vierten Phase, dem Company Building, Investitionen in die nachgelagerten Prozesse (z. B. After-Sales-Services oder Buchhaltung) stattfinden.

Eric Ries folgte seinem Lehrer Steve Blank mit dem »**Lean Startup**«-Konzept. Dabei intensivierte Ries den Ansatz der Iteration mittels der sogenannten »Bauen-Testen-Lernen-Feedbackschleife«, die eine intensiven Nutzung von Prototypen und Tests vorsieht. Prototypen stellen dabei den schnellsten Weg dar, die Bauen-Testen-Lernen-Feedbackschleife mit dem geringstmöglichen Aufwand zu durchlaufen. Da Kunden mit den Prototypen interagieren, erzeugen sie Rückmeldungen (Feedback) und Daten auf qualitativer (z. B. Was gefällt, was nicht?) und quantitativer Ebene (z. B. Wie viele Menschen nutzen das Produkt?). Innerhalb dieses Konzepts werden alle Prototypen und Leistungen als Experimente betrachtet, die dazu dienen, zu lernen und sich zu verbessern. Sie verfügen bereits über die wichtigsten Eigenschaften der endgültigen Produktlösung, um ein angemessenes Feedback der Nutzer zu erhalten.

Prototypen und die daraus resultierende Möglichkeit der iterativen Interaktion mit Kunden haben auch beim **Design Thinking**-Ansatz eine zentrale Bedeutung. Design Thinking möchte nicht nur die Produktentwicklung optimieren, sondern eine Neugestaltung ganzer Nutzererlebnisse erreichen. Um dies zu realisieren, gilt bei dieser Methode die Annahme, dass Probleme besser gelöst werden können, wenn Menschen unterschiedlicher Disziplinen in einem die Kreativität fördernden Umfeld zusammenarbeiten. Gemeinsam sollen sie unter Berücksichtigung der Bedürfnisse und Motivationen der potenziellen Kunden neue Ansätze für Nutzererlebnisse entwickeln, die nach mehrfachen, iterativen (!) Überprüfungen, zu marktfähigen Produkten oder Dienstleistungen reifen.

Konsequenz

Basierend auf den Erkenntnissen der Iteration mit ihren Feedbackschleifen kann im Verlauf eines digitalen Projektes sogar ein signifikanter, strategischer Kurswechsel nötig werden. Eric Ries bezeichnet in seiner Methodik Lean Startup eine solche Anpassung als **Pivot** (Dreh- und Angelpunkt) bzw. Pivoting.

Digitale Trans-
formation

Digitali-
sierung

Business

Change

Pivot

Eric Ries übernahm den klassischen Begriff des Pivots aus der Statistik und Mechanik. In der Mechanik gilt ein Pivot beispielsweise als feststehender Punkt, um den sich ein Festkörper unter Einwirkung von Kräften drehen kann. (Weitere Hinweise zu Eric Ries eigener Interpretation sind zu finden in: Ries 2011, S. 147 ff.)

Auslöser für einen Pivot können konkrete Kundenfeedbacks, Tests, Konkurrenzsituationen oder generell neue Marktkonstellationen sein. Wendepunkte erlauben, alles grundsätzlich zu hinterfragen und gegebenenfalls zu stoppen. Bis zu diesem Zeitpunkt wurden dann zwar Kosten verursacht, diese aber nicht unnötig maximiert. Die Korrekturen können grundsätzlich alle in Abbildung 4.15 dargestellten Aspekte eines Korrekturkataloges umfassen.

Als Kern der möglichen Korrekturmaßnahmen gelten im Korrekturkatalog die Anpassungen des Produktes bzw. einer Leistung nach Qualität, Funktion, Geschmack, Größe, Volumen oder Farbe. Gleichzeitig kann das Design hinsichtlich seiner Haptik, Ästhetik oder Praktikabilität bzw. die Serviceinhalte vor, während oder nach der Kaufhandlung angepasst werden. Zur Anpassung des eigentlichen Produktes zählt eventuell aber auch eine Technologie, mit der die Leistung erstellt wird bzw. auf welcher sie beruht. Eine Korrektur der Technologie zählt gerade bei Software- oder Hightech-Unternehmen zur möglichen Anpassung, um eine größere Kundenakzeptanz zu erreichen.

Im Rahmen dieser ersten Stufe der Korrekturmaßnahmen kann sogar ein einziges Leistungsmerkmal (Funktion) aus dem Gesamtpaket eines Produktes zum eigenständigen Produkt entwickelt werden (Zoom-in-Korrektur). Umgekehrt gibt es auch die Möglichkeit der Reduktion des Gesamtpakets auf eine einzelne Funktion im Rahmen eines wesentlich größeren Produktes (Zoom-out-Korrektur).

In einer zweiten Stufe können die Annahmen im Hinblick auf den Absatzmarkt geändert werden, wie beispielsweise die Kundengruppe gemessen an den Kundenbedürfnissen bzw. Segmentierungsmerkmalen. Korrekturen können auch den Kundenzugang betreffen, der sich aus der Art und Weise der Kommunikation mit den Kunden sowie der Distribution der Leistungen an die Kunden (z. B. via direktem oder indirektem Vertrieb bzw. online oder offline) definiert. Doch ebenso wie die Annahmen zu den Kunden einer Korrektur unterzogen werden, können auch Erkenntnisse, die mittels der Prototypen und Tests gewonnen wurden, die Annahmen zu den Lie-

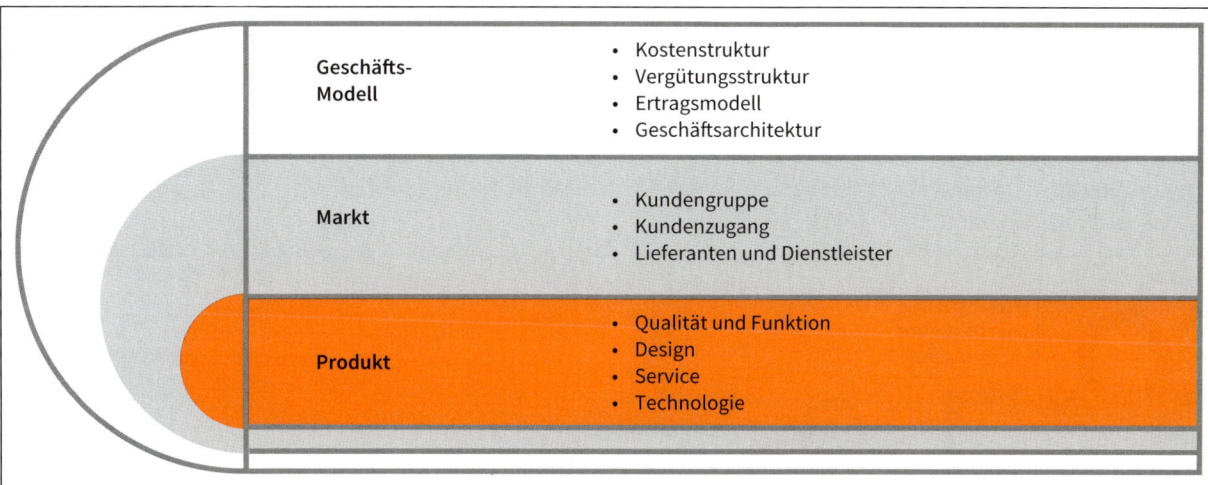

Digitale
Trans-
formation

Digitali-
sierung

Business

Change

Abb. 4.15: Korrekturkatalog

feranten und Dienstleistern validieren. Die dritte Stufe der möglichen Korrekturen betreffen das gesamte Geschäftsmodell mit der Kostenstruktur, Vergütungsstruktur (z. B. Festpreise, Abonnement, Pay-per-Use, Leasing), dem Ertragsmodell (mit den kalkulierten Preisen und Margen) sowie die Geschäftsarchitektur (mit der strategischen Bedeutung von Wachstum oder Rendite). So können Tests ergeben, dass eine Produktinnovation zuerst mit aggres-

siven Preisen eingeführt werden muss, um bei der Zielgruppe ein Bewusstsein für die Innovation zu schaffen. Gerade in der Internetbranche dienen kostenlose Einsteigerangebote der Entwicklung neuer Produkt- und Kundensegmente.

Neben Korrekturmaßnahmen aufgrund einer Iteration existiert noch eine zweite spannende Alternative. Bei der Wahl einer Projektmanagementmethodik gibt es nicht nur

Schwarz oder Weiß, also klassisch oder agil: Vielmehr lassen sich in ein Wasserfallmodell auch agile Scrum-Zyklen integrieren. Bei Projektbeginn dienen dann ein oder mehrere Sprints zur Definition der Projektvision, der Generierung eines ersten Prototyps, der Entwicklung von Konzepttests und genereller Nutzenanalysen bei den Zielkunden. Nach einem Meilenstein mit Ergebnisdokumenten folgt ein neuer Sprint-Zyklus für Produkttests mit weiteren Prototypen, Vertragsverhandlungen, der Beantragung von Schutzrechten und Zulassungsverfahren. Nach einem erneuten Meilenstein starten Markttests sowie die Erarbeitung von Marketing- und Vertriebskonzepten.

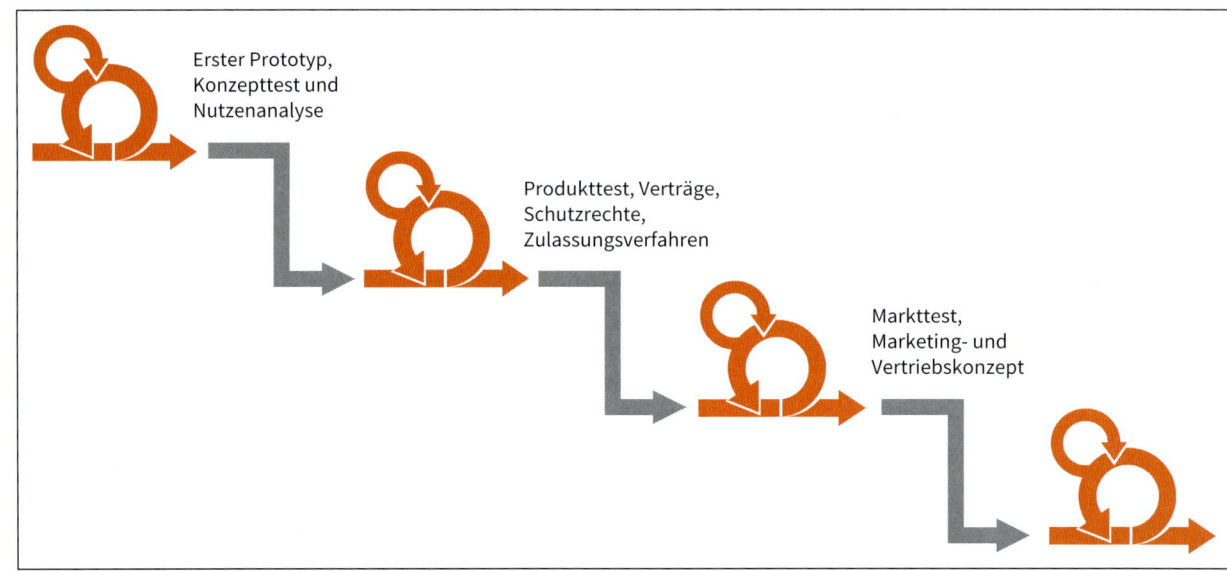

Erster Prototyp, Konzepttest und Nutzenanalyse

Produkttest, Verträge, Schutzrechte, Zulassungsverfahren

Markttest, Marketing- und Vertriebskonzept

Abb. 4.16: Kombination von klassischen und agilen Managementmethoden

Durch die Kombination klassischer und agiler Managementmethoden lassen sich die jeweiligen Vorteile beider Ansätze nutzen und die Nachteile der einzelnen Methoden reduzieren. Konkret können Produktentwicklungszyklen verkürzt werden, wodurch Marktanpassungen schneller möglich sind und Kundenbedürfnisse früher und konkreter erfasst werden. Gleichzeitig werden der Entwicklungsprozess und alle Entscheidungen sauber dokumentiert, was gerade im Rahmen von Compliance, Organ- und Betreiberhaftungen wichtig ist.

4.2.4 Ambidextrie

Definition

Organisationale Ambidextrie bzw. ambidexteres Management (Ambidextrous Leadership) beschreibt die Fähigkeit von Organisationen, gleichzeitig effizient und innovativ zu sein. Der Begriff Ambidextrie selbst stammt vom lateinischen »Ambo« (dt.: beide) und »dexter« (dt.: rechte Hand) und bedeutet somit Beidhändigkeit. Wie Menschen, die mit beiden Händen schreiben können, geht es in der organisationalen Ambidextrie um die gleichzeitige **Exploitation** (Ausnutzung von Bestehendem) und **Exploration** (Erkundung von Neuem). Das Be-

standsgeschäft sollte so kosten- und gewinnorientiert wie möglich geführt werden, während Innovationen in Prozesse, Leistungen und Geschäftsmodelle im Sinne einer operativen Exzellenz und Customer Experience vorangetrieben werden.

Innovationen sind erfolgreich umgesetzte Ideen, die einen merklichen Unterschied zu den vorherigen Lösungen aufweisen. Diese Verbesserung wird von den Abnehmern aufgrund eines neuen Nutzens geschätzt und honoriert. Innovationen bestehen aber nicht nur aus neuartigen Produkten. Vielmehr lassen sich Innovationen in die fünf Arten der Produkt-, Prozess-, Markt-, Geschäftsmodell- und Organisationsinnovationen unterscheiden. Die einzelnen Innovationsarten sind miteinander kombinierbar und können Interdependenzen darstellen. Denn meistens beinhalten Geschäftsmodellinnovationen auch neue Lösungen (Produkte) mit neuen Geschäftsprozessen und nicht selten auch neue Märkte.

Die bekannte Darstellung des Yin und Yang – zweier Begriffe der chinesischen Philosophie, insbesondere des Daoismus – wurde in der Abbildung 4.17 bewusst verwendet. Sie stehen für polar einander entgegengesetzte und dennoch aufeinander bezogene Kräfte oder Prinzipien, die Wandlungsvorgänge darstellen und als Gesamtheit einen ewigen Kreislauf repräsentieren.

Abb. 4.17: Ambidexteres Management

Praxis

So wie Innovationen nicht unbedingt vollkommen neu sein müssen, sondern lediglich sinnvolle Weiterentwicklungen eines alten Gedankens, so ist auch das Verständnis für ein ambidexteres Management nicht neu. Viele etablierte Managementmodelle wie das St. Galler Managementmodell oder die transformationale Führung sprechen schon seit Langem von der Notwendigkeit einer parallel stattfindenden Optimierung *und* Erneuerung.

Das St. Galler Modell beschreibt diese beiden Prozesse mit dem Begriff Entwicklungsmodi, worunter der Bedarf an kontinuierlichen, ständig ablaufenden Verbesserungen des Bestehenden in Verbindung mit einer diskontinuierlichen, sprunghaft stattfindenden Schaffung von völlig Neuem verstanden wird.

Konsequenz

Ambidextrie fängt bei jedem Einzelnen im Kopf an. Ziel ist die Bereitschaft zur ständigen Weiterentwicklung, ohne dass dabei das Bestehende vergessen wird. In ambidextrischen Organisationen leben die Führungskräfte dieses beidhändige Verhalten vor und prägen damit eine entsprechende Unternehmenskultur. Unter Unternehmenskultur versteht man hier die Gesamtheit aller Normen, Wertvorstellungen und Denkhaltungen, die das Verhalten der Unternehmensmitglieder aller Hierarchiestufen und somit das Erscheinungsbild einer Unternehmung bestimmen. Sie ist die Grundlage, auf der ein Unternehmen steht.

Ambidextrische Organisationen leben eine Unternehmenskultur, in der unterschiedliche Pole gleichzeitig wirken können. So finden Investitionen in die Zukunft statt, während gleichzeitig bestehende Strukturen so kostengünstig und effizient wie möglich gestaltet werden. Freiwilligkeit kann mit Zwang, Flexibilität mit Stabilität und Fehlerkultur mit Risikomanagement kombiniert werden. Keiner der Pole dominiert eine ambidextrische Organisation. Die jeweiligen Pole repräsentieren vielmehr in ihrer Gesamtheit einen permanenten Kreislauf.

Damit Führungskräfte die Ambidextrie vorleben können, benötigen sie sowohl Verständnis wie auch ausreichend Zeit für ein solches Verhalten. Hier empfiehlt sich erneut die 20-Prozent-Regel: Warum investieren Sie nicht (insgesamt) einen Tag pro Woche (20 Prozent) für zukunftsorientierte Themen wie Produktentwicklung (im Sinne der Customer Experience), Prozessoptimierung (im Sinne der Operational Excellence) oder gar in neue Geschäftsmodelle wie die Digitalstrategien der Digitalen Transformation?

Pole der ambidextrischen Unternehmenskultur	
Investitionen in Zukunft	Kostenorientierung
Freiwilligkeit	Zwang
Kundenorientierung	Technikorientierung
Flexibilität	Stabilität
Fehlerkultur	Risikomanagement

Abb. 4.18: Ambidextrische Unternehmenskultur

4.3 Competence

Definition

Der Begriff Competence beschreibt die zentrale Bedeutung der sozialen und fachlichen Kompetenz als Basis für die Rolle eines Mitarbeiters (egal welcher Führungsebene) von agilen bis zu holokratischen Organisationen. Nur wer mit seiner Kompetenz überzeugt, findet in agilen Strukturen eine Rolle und Aufgabe.

Drei Themenfelder bestimmen das Kapitel Competence: Die Qualifikation der Mitglieder einer Organisation, ihre unterschiedlichen Rollen als Promotoren bzw. als Digital-Transformation-Manager sowie die Aufbau- und Ablauforganisation.

Die **Kompetenzen** der Projektteilnehmer bilden die Basis für ihren Mehrwert für eine Gruppe. Aus ihnen leitet sich die Legitimation ab, in einem Team eine bestimmte Rolle zu übernehmen. Denn es sind immer weniger offizielle Stellen und Hierarchien, die in der Digitalen Transformation Personen zu Führungskräften und Leistungsträgern qualifizieren, sondern ihre fachlichen und sozialen Kompetenzen.

Rollen sind Funktionen, Positionen oder Aufgabenstellungen, die ein Mitglied einer Gruppe aufgrund seiner fachlichen und sozialen Kompetenzen im Laufe der Gruppendynamiken – mehr oder weniger offiziell – zugewiesen bekommt. Klassische Rollen in Unternehmen sind beispielsweise Führungskraft, Spezialist, Generalist. In Projekten der Digitalen Transformation existieren drei besondere Rollen, die es zur erfolgreichen Umsetzung dringend benötigt: die Fach-, Prozess- und Machtpromotoren. Zudem gibt es jene Manager, die aktiv die Digitale Transformation selbst als Vision und/oder Prozess begleiten. Wir nennen diese Personen vereinfachend Digitale-Transformations-Manager (kurz: DTM) mit ihren Fähigkeiten als Motivator, Übersetzer, Begleiter, Moderator, Impulsgeber und Kontrolleur der (gesamten) Digitalen Transformation einer Organisation.

Als **Unternehmensorganisation** bezeichnet man die Strukturen (inklusive der Aufgaben und Verantwortlichkeiten) und Prozesse zur Steuerung von Unternehmen. Im Fokus steht dabei die Frage, wer wann was und wie zu erledigen hat, damit am Ende das gemeinsame Ziel einer nachhaltigen Wettbewerbsfähigkeit, Rentabilität und Liquidität erreicht wird.

Praxis

Heutige Unternehmensorganisationen sind den Anforderungen der Digitalen Transformation oft nicht gewachsen. Dies resultiert u. a. aus zu starren Strukturen mit fest definierten Stellen und Stellenbeschreibungen sowie Hierarchien mit Egointeressen. Das klassische Managementmodell ist viel zu sehr darauf ausgerichtet, klare Arbeitsabläufe zu implementieren und Strukturen zu schaffen, die effizientes Arbeiten ermöglichen. Doch mit einem solchen Vorgehen kann man den Unsicherheiten, wie im VUCA-Modell geschildert, dauerhaft nicht mehr begegnen. Es benötigt moderne Führungs- und Organisationsansätze, um die Digitale Transformation optimal und ganzheitlich umzusetzen.

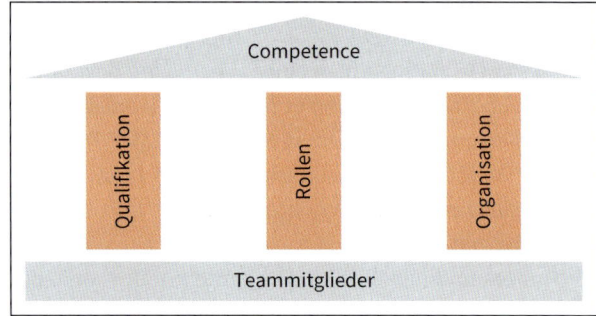

Abb. 4.19: Competence

Konsequenz

Aber was machen jene Führungskräfte und Mitarbeiter, die nicht durch fachliche oder soziale Qualifikationen überzeugen? Was machen jene, die in keine der Promotoren-Rollen passen? Hier kommt eine sehr große Herausforderung auf die agile Unternehmensführung zu. Nicht jeder Mitarbeiter wird den neuen Rollen und Aufgaben gewachsen sein. Das Reifegradmodell von Paul Hersey und Ken Blanchard (siehe Kapitel 4.2.1) hat bereits gezeigt, dass nicht alle Mitarbeiter den Reifegrad zur Partizipation oder gar Übernahme von Verantwortung haben. Diese Problematik wird gleich noch weiter diskutiert.

Agile Managementmethoden kommen aber nicht in allen Unternehmensbereichen zum Einsatz. In klassischen Fertigungsstraßen oder Servicebereichen (wie Call-Center, Buchhaltung) können vorläufig weiter traditionelle Managementansätze angewendet werden. Allerdings sind dies gerade die Bereiche, die durch die neuen Technologien wie Big Data, Künstliche Intelligenz, Roboter und Robotics noch weiter automatisiert oder sogar vollständig substituiert werden.

4.3.1 Qualifikationen

Definition

Vier Grundpfeiler bilden die Basis für jegliche (Führungs-) Macht:

1. fachliche Kompetenz,
2. soziale Kompetenz,
3. Verträge (wie Anstellungsvertrag, Jobbeschreibung, Titel),
4. Geburt (besonders in Familienunternehmen).

Eine Führungskraft, die ihre Legitimation lediglich per Vertrag oder als Kind des Unternehmers innehat, verliert in agilen Strukturen sehr schnell die Akzeptanz und Unterstützung. Nur wer seine Legitimation mit fachlicher und sozialer Kompetenz vereint, motiviert sein Umfeld zu Leistungen und Veränderungen.

Die **Fachkompetenz** umfasst bei Managern nicht nur die Kompetenz der Delegation und der Mitarbeiterführung, sondern auch die Befähigung, die Aufgaben und Abläufe ihrer Mitarbeiter zu verstehen. Dabei geht es nicht darum, jedes Detail zu kennen und zu überblicken. Vielmehr ist ein Verständnis für die zentralen Hintergründe, Herausforderungen, Prozess- und Entscheidungsschritte und die Motivation gefragt, um als Nutzenstifter glaubhaft und sinnvoll kritisieren und unterstützen zu können. Auch wenn dies Zeit erfordert, die auf den ersten Blick nicht vorhanden ist, liegt im fachlichen Verständnis eine große Bedeutung. Nicht umsonst spricht man schon im Lean Management 1.0 vom sogenannten **Genchi Gembutsu** (jap.: Geh' an die Quelle des Problems und schaue es Dir selbst an). Hierzu zählt ebenso das direkte Gespräch mit Mitarbeitern und Kunden über Probleme, Bedürfnisse und Träume wie die eigene Analyse der internen und externen Leistungsprozesse.

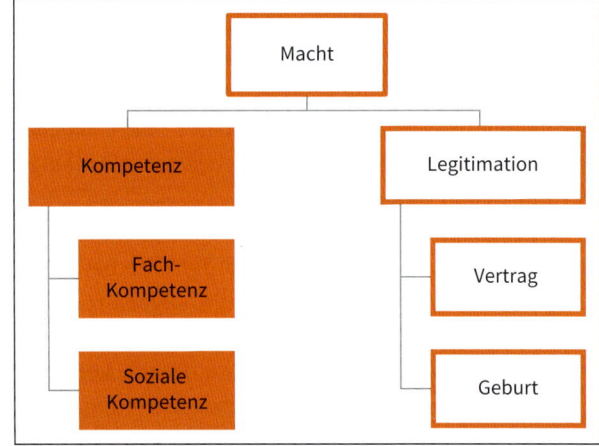

Abb. 4.20: Grundpfeiler der Macht

Unter **Sozialkompetenz** werden all die Fähigkeiten zusammengefasst, die es uns erlauben, effektiv mit anderen Menschen zusammenzuarbeiten. Hierzu zählen positive Schlüsselqualifikationen (Soft Skills) wie Teamfähigkeit, Kommunikationsstärke, Kritik- und Konfliktfähigkeit und Motivationsstärke. Eng verbunden mit der sozialen Kompetenz ist die natürliche Autorität bzw. das »Charisma« einer Person. Eine charismatische Person ist in der Lage, bei anderen Menschen starke, positive Gefühle zu wecken. Sie erzeugt eine starke Gruppenzugehörigkeit, die besonders bei schwierigen Projektphasen und -krisen den Projekterfolg ermöglicht.

Praxis

Die **Fachkompetenz** oder Expertise kann bei Mitgliedern einer Organisation mindestens sechs Themenbereiche umfassen: Aufgabe, Technik, Methodik, Prozesse, Branche und Normen. In einzelnen oder gleich mehreren dieser sechs Bereiche (siehe Abbildung 4.21) kann man Fachmann/Fachfrau, Sachkundiger oder Spezialist sein und über überdurchschnittliches Fachwissen, Erfahrungen oder Anwendungstalent verfügen.

Zur aufgabenbezogenen Kompetenz zählen beispielsweise Fachkenntnisse zur Forschung und Entwicklung, Produktion, Logistik, Vertrieb, Werbung, Service, Perso-

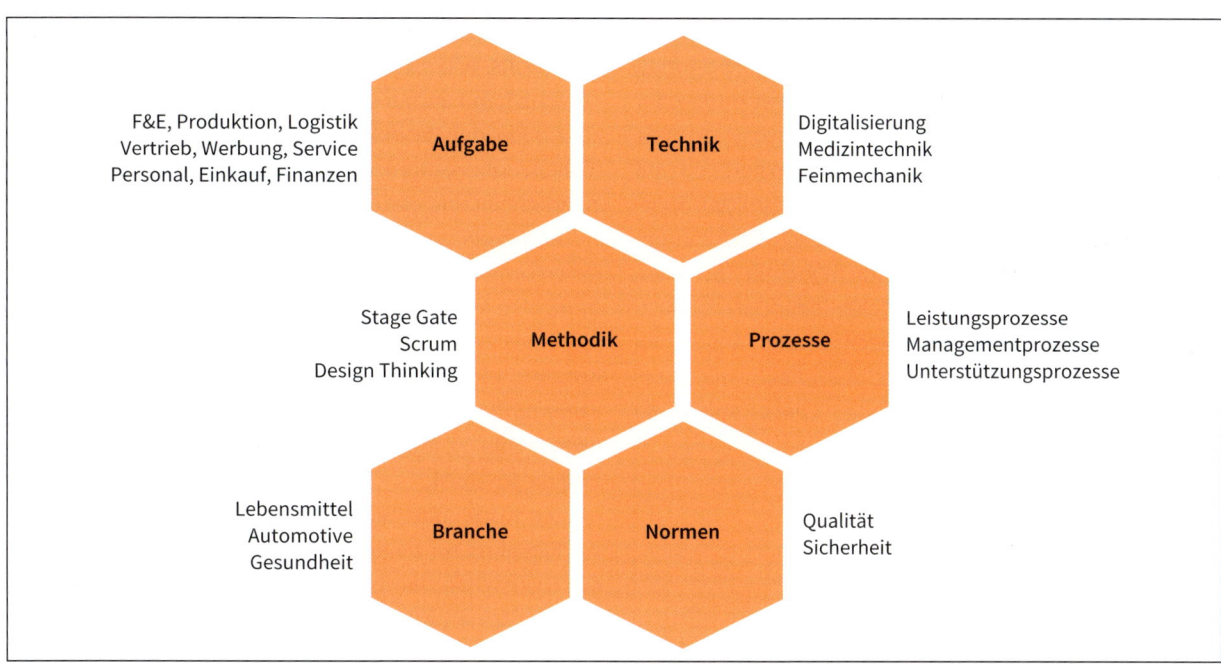

Abb. 4.21: Fachkompetenzen

nal, Einkauf oder Finanzen. Technische Kompetenzen betreffen die generelle Digitalisierung, aber auch spezielle Kenntnisse zu einzelnen Technologien wie der Medizintechnik oder Feinmechanik. Methodische Fachkompeten-zen beinhalten klassische und agile Projektmanagement-verfahren (wie Stage Gate, Scrum), Führungstheorien (wie OKR), das Change Management (wie Gruppenmodera-tion) oder Innovationsprozesse (wie Design Thinking). Expertisen zu konkreten Prozessen umfassen Leistungsprozesse (wie Auftrags- und Produktionsabwicklung), Managementprozesse (wie Beschwerdeabwicklung oder Planungsprozesse) und Unterstützungsprozesse (wie Wartung, Empfang), während Branchenexpertisen auf einzelne Branchen gerichtet sind (wie Lebensmittel, Automotive, Gesundheit). Schließlich existieren Fachkompetenzen zu Normen wie z. B. hinsichtlich Qualität (ISO-Standards), Arbeitssicherheit, Verbraucher- oder Datenschutz.

Unter **Sozialkompetenz** werden all die Fähigkeiten zusammengefasst, die es uns erlauben, effektiv mit anderen Menschen zusammenzuarbeiten (siehe Abbildung

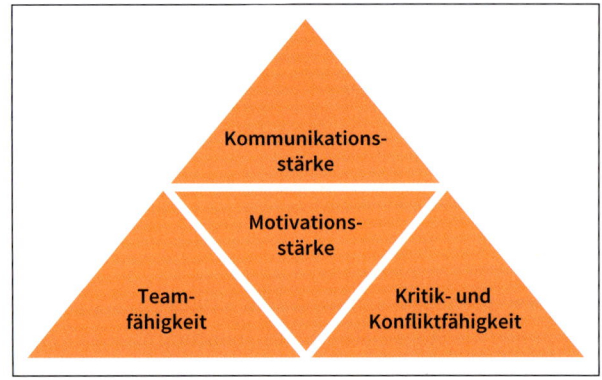

Abb. 4.22: Sozialkompetenzen

4.22). Hierzu zählen positive Schlüsselqualifikationen (Soft Skills) wie die Teamfähigkeit. Diese umfasst die Bereitschaft, mit anderen zusammenarbeiten zu wollen und zu können, den Respekt vor den Mitarbeitern sowie die Fähigkeit, dabei Gefühle und Beweggründe des Gegenübers zu erkennen und einfühlsam zu handeln (Empathie).

Kommunikationsstärke bildet die Basis für den souveränen Umgang mit allen internen und externen Stakeholdern, also jenen Personen, die einen Einfluss auf den Erfolg eines Projektes haben können, wie Projektmitglieder, Kunden, Lieferanten, Gesellschafter und Kollegen. Zur Kommunikationsstärke gehört daher die verbale sowie nonverbale Kommunikation, das souveräne Auftreten und die Rhetorik.

Die Kritik- und Konfliktfähigkeit umfasst zum einen die Fähigkeit zur angemessenen Kritik und zum anderen die Eigenschaft, (konstruktive) Kritik annehmen zu können. Zur sozialen Kompetenz zählt ebenso der zielgerichtete Einsatz von Einwänden, um Verbesserungen durchzusetzen, die eigene Durchsetzungsfähigkeit sowie die Fähigkeit, trotz hoher Spannung andere Standpunkte nachzuvollziehen.

Die Motivationsstärke reicht von der Vereinbarung realistischer Ziele, der rechtzeitigen und fairen Information der Mitarbeiter und der motivierenden Delegation von

Verantwortung bis zu der Fähigkeit zu angemessenem, ausbalancierten Lob und zu Anerkennung. Motivationsstärke betrifft nicht nur die Motivation anderer, sondern auch die Eigenmotivation. Dabei geht es um die persönliche Kraft, nach vorne zu gehen, neue Wege zu prüfen, Hindernisse zu überwinden und Ehrgeiz zu entwickeln. Schlussendlich schließt die Motivationsstärke eine Fehlerkultur mit ein, die nach Verbesserungen sucht und nicht nach Schuldigen – solange keine rechtlichen und existenziellen Fehler begangen werden.

Konsequenz

Eine Führungskraft, die ihre Legitimation lediglich per Vertrag oder als Kind des Unternehmers innehat, verliert in agilen Strukturen sehr schnell an Akzeptanz und Unterstützung. Nur wer seine Legitimation mit fachlicher und sozialer Kompetenz vereint, motiviert sein Umfeld zu Leistungen und Veränderungen (wie der Digitalen Transformation). Für Führungskräfte sind diese beiden Sätze von hoher Bedeutung: Sie können sich nicht mehr nur auf ihre Hierarchiestufe, Titel und Befugnisse berufen. Vielmehr gilt es, der eigenen Organisationseinheit mittels fachlicher und sozialer Kompetenzen als Nutzenstifter zur Verfügung zu stehen. Nur wer als Führungskraft seinem Team einen Mehrwert bzw. Nutzen bringt, hat noch An-

spruch auf Akzeptanz, Autorität und Führungsbefugnis. Übrigens fängt in der Digitalen Transformation dieser Mehrwert schon damit an, ob man sich selbst mit den neuen Technologien beschäftigt. Immer noch glauben viel zu viele Manager, dass die neuen Technologien und Trends sie nicht mehr direkt, sondern erst die Generationen nach ihnen betreffen wird.

Fachliche und soziale Kompetenzen bilden aber nicht nur immer stärker die zentrale Führungsbasis in agilen Strukturen, ihre Bedeutung wächst aufgrund eines weiteren, seit Jahren nachhaltigen Trends: der **Projektifizierung** (Projektification), siehe Abbildung 4.23.

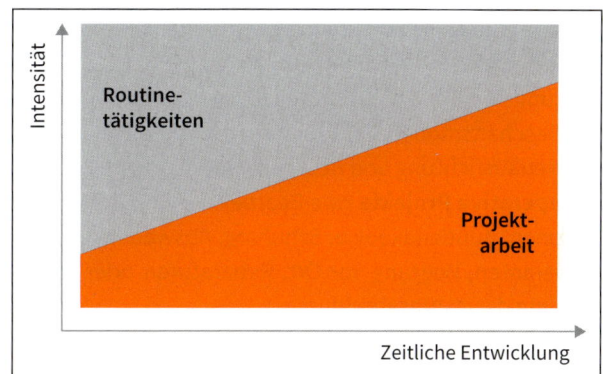

Abb. 4.23: Projektifizierung

Unter diesem Begriff verstehen wir die Tendenz, dass im Rahmen der Digitalen Transformation immer mehr Routinetätigkeiten von Computern, Maschinen und Systemen übernommen werden. Wir beobachten diese Entwicklung schon seit Jahren an Beispielen wie dem Online-Banking, Online-Reisebuchungen, bei automatischen Nachbestellungen oder bei der Lieferkettenüberwachung im Internet der Dinge. Die Automatisierung vieler Routinetätigkeiten wird durch die Entwicklungen von Künstlicher Intelligenz, Robotern und 3-D-Druck weiter zunehmen.

Die Aufgaben der (dann noch vorhandenen) Mitarbeiter verlagert sich verstärkt auf die Umsetzung von Projekten. Diese unterscheiden sich in

- **strategische Projekte** (wie Produktentwicklung im Rahmen der Customer Experience, Prozessoptimierung für die Operational Excellence, Aufbau neuer Geschäftsmodelle, Übernahmen und Fusionen oder Neuausrichtung und Reorganisation) und in
- **operative Projekte** (wie Bearbeitung von Reklamationen, Kundenakquise, Schulung, Auswahl neuer Lieferanten, Wartung vor Ort, Reparaturen oder Erstellung des Jahresabschlusses).

Damit Mitarbeiter die wachsende Zahl ihrer Projekte mit all der Komplexität, Schnelligkeit und möglichen Unsicherheit des digitalen Wandels meistern können, bedarf es neben einem klaren Commitment des Topmanagements der Instrumente des agilen Managements wie Scrum, Kanban, Objectives and Key Results (OKR) oder der Holokratie. Wenn schon die Zeiten unruhig sind, dann sollten die Methoden und die Strukturen eine gewisse Stabilität bieten.

4.3.2 Rollen der Digitalen Transformation

Definition

Rollen sind Funktionen, Positionen oder Aufgabenstellungen, die ein Mitglied einer Gruppe aufgrund seiner fachlichen und sozialen Kompetenzen im Laufe der Gruppendynamiken – mehr oder weniger offiziell – zugewiesen bekommt. Klassische Rollen in Unternehmen sind beispielsweise Führungskraft, Spezialist, Generalist u.v.a. In Projekten der Digitalen Transformation existieren drei besondere Rollen, die es zur erfolgreichen Umsetzung dringend benötigt: die Fach-, Prozess- und Machtpromotoren. Daneben existieren Stakeholder, die an anderer Stelle (siehe Kapitel 4.4) ausführlich beschrieben werden.

Die Aufgabe der **Fachpromotoren** ist es, Anregungen für Verbesserungen und Disruptionen zu finden und zu entwickeln. Fachpromotoren arbeiten meist im Team, aber auch alleine. Zu ihren Tätigkeiten gehören die Findung von Ideen und die Definition von Lösungswegen der Umsetzung von definierten Maßnahmen, Tests, Dokumentation, Qualitätssicherung, die endgültige Realisation von Lösungen, die Definition von Patenten, Auditings, Zertifizierungen sowie Schulungen und die kontinuierliche Weiterentwicklung.

Für die Rolle des **Prozesspromotors** werden erfahrene Projektmanager bevorzugt. Der Prozesspromotor braucht keine intensiven Produkt- oder Produktionskenntnisse, sondern vor allem Fähigkeiten im Projektmanagement (wie Stage Gate, Scrum, Kanban), Innovationsmanagement (wie laterales Denken, Design Thinking, Lean Startup) und Moderationstechniken (wie Open Space, World Café oder Zukunftskonferenz), mit denen er ein Projekt pünktlich, kosten- und vor allem leistungsorientiert ans Ziel bringt.

Die Rolle des **Machtpromotors** ist die eines Motivators oder Kommunikators, der die digitale Transformation nach innen und außen »verkauft«. Er ist ein Sponsor, der Zeit und Geld zur Verfügung stellen kann. Als »oberster Pate« des Projektes achtet er auf alle Widerstände und hilft, diese zu überwinden. Der Machtpromotor verfügt über die für das Projekt nötige Erfahrungen, Kompeten-

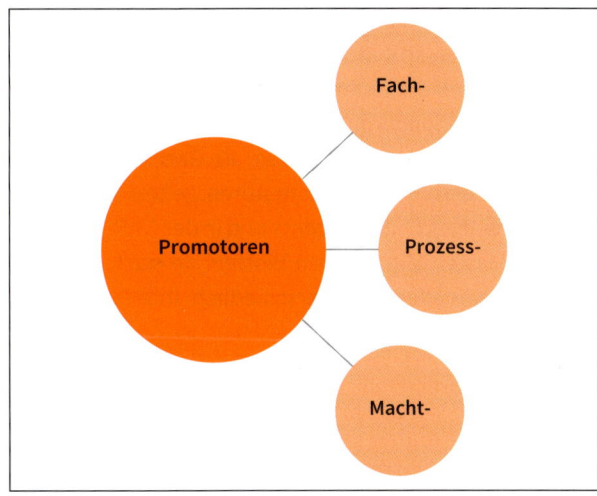

Abb. 4.24: Promotorenrollen

zen und Netzwerke. Fehlt ein Machtpromotor, werden Projekte der Digitalen Transformation kaum zu einem erfolgreichen Ende geführt!

Praxis

Diese drei Promotorenrollen finden sich mit unterschiedlichen Bezeichnungen in verschiedenen Methoden wieder. In der Scrum-Methode zählen sowohl sogenannte

Product Owner als auch Topmanager zu den Machtpromotoren. Prozesspromotoren werden als Scrum-Master bezeichnet und die Fachpromotoren als (Entwicklungs-) Team (siehe Abbildung 4.25). Das Change Management kennzeichnet Machtpromotoren als Godfathers, Paten oder Sponsoren. Prozesspromotoren gelten im Change Management als Change Agents und in der OKR-Methodik als OKR-Master. Mit anderen Worten: Je nach Methode heißen zwar die Rollen unterschiedlich, ihre Funktion ist aber meistens gleich.

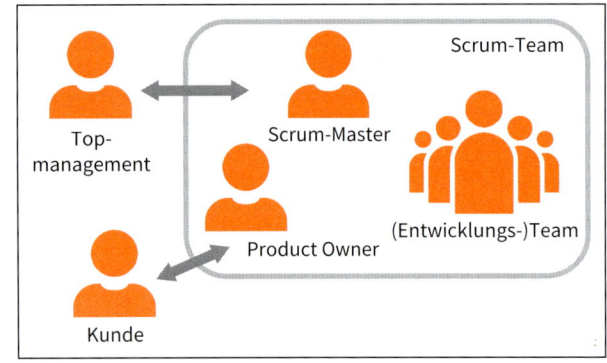

Abb. 4.25: Scrum-Rollen

Als Prozesspromotoren sind **Scrum-Master** Vermittler zwischen all den Stakeholdern, die nicht direkt Teil des Scrum-Teams oder Kunden sind, und unterstützen diese in ihrer Interaktion mit dem Innovationsteam. Mithilfe des Scrum-Masters sollen die Stakeholder verstehen, welche ihrer Interaktionen sich hilfreich oder hinderlich auf das Team auswirken.

Der Scrum-Master unterstützt den Product Owner (ein Machtpromotor) bei den prägnanten Formulierungen für das Product Backlog sowie bei den Feedback-Schleifen (u. a. während der Sprint Reviews). Der Scrum-Master hilft dabei, den Informationsfluss und die Zusammenarbeit so zu optimieren, dass der durch das Scrum-Team generierte Wert maximiert wird. Dazu gehört auch die Beseitigung von Hindernissen sowie von Störfaktoren wie beispielsweise unberechtigten Eingriffen von außen auf das Scrum-Team. Der Scrum-Master vermittelt als Prozesspromotor das richtige Verständnis von Agilität und konsequentem Prozessmanagement, ohne selbst disziplinarischer Vorgesetzter des Projektteams zu sein.

Das Scrum-Entwicklungsteam besteht aus reinen Fachpromotoren. Als die eigentlichen Experten sind sie die Quelle von Verbesserungs- und Lösungsvorschlägen, von Umsetzungsmaßnahmen, von Kritiken und Lösungsmaßnahmen. Ohne Fachpromotoren vollzieht sich keine Umsetzung von digitalen (Innovations-)Projekten. Bei Scrum organisieren die Fachpromotoren ihre Arbeit selbst und liefern nach jedem Sprint fertige Ergebnisse (Inkremente) ab. Niemand (nicht einmal der Scrum-Master) sagt dem Entwicklungsteam, wie es aus dem Product Backlog potenziell auslieferbare Funktionalität machen soll. Die Teams sind interdisziplinär und verfügen über alle fachlichen und sozialen Kompetenzen, um ihren Auftrag zu erfüllen.

Die **Product Owner** verantworten die gesamte Wertmaximierung eines Projektes und die Arbeit des Entwicklungsteams. Sie vertreten die fachliche Auftraggeberseite und priorisieren alle Ziele und Aufgaben mit Product Backlogs. Sie nehmen an den monatlichen Sprint Reviews teil, um dem Entwicklungsteam rechtzeitig mit Ratschlägen, Empfehlungen und Entscheidungen zur Seite zu stehen. An den täglichen Teammeetings (Daily Scrum) dürfen sie gerne teilnehmen, allerdings nur passiv. Am Ende ist der Product Owner die Person, die maßgeblich für die Zielerreichung eines Projektes verantwortlich ist. Scherzhaft wird der Product Owner als SCN (»Single Chokable Neck«) bezeichnet. Denn er ist die Person, deren »Hals gewürgt wird«, wenn das Team – gemäß Vorgabe – »Mist« produziert.

Konsequenz

Zwei Konsequenzen sollen an dieser Stelle kurz diskutiert werden: die Frage, ob einzelne Personen Doppelfunktionen, also zwei Rollen gleichzeitig übernehmen sollen, und das sogenannte Gesetz der Wenigen.

Fangen wir mit der Frage nach **Doppelfunktionen** an. Aufgrund möglicher Interessenskonflikte ist eine Doppelfunktion eines Prozesspromotors (wie Scrum-Master) mit der Rolle eines Machtpromotors (wie Product Owner) bzw. Mitglied des Entwicklungsteams (Fachpromotor) nicht empfehlenswert. Zu groß ist die Gefahr von Interessenkonflikten, großen zeitlichen Belastungen oder gar der Demotivation der übrigen Projektteilnehmer. Die Vermischung mehrerer Rollen in ein und derselben Person ist zwar möglich, aber nur für jene Profis empfehlenswert, die die Grundzüge der Rollen beherrschen und ihr jeweiliges Verhaltensmuster an entsprechende Situationen anpassen können. So war etwa Steve Jobs vorwiegend Machtpromotor, der seine Mitarbeiter konsequent zu Leistungen und Ergebnissen antrieb. Gleichzeitig trug er eigene Lösungsvorschläge und vor allem seine Visionen vor (Fachpromotor) und übernahm – zumindest in den frühen Jahren – selbst auch Projektverantwortung (Prozesspromotor). Doch konzentrierte er sich in den späteren Jahren definitiv auf die Rolle des Machtpromotors, der auch eigene Ideen zur Diskussion stellte, aber nicht mehr an deren technischen Umsetzung mitwirkte.

Nicht alle Mitglieder einer Gruppe haben den gleichen Einfluss für den Erfolg eines Projektes. Vielmehr haben einzelne Mitglieder einen überproportional großen Einfluss, Veränderungen herbeizuführen. Im Projektprozess gilt es, die richtigen Leistungsträger zum richtigen Zeitpunkt am richtigen Ort zu integrieren. Man spricht hier von dem **Gesetz der Wenigen**« (Gladwell 2000). Die Idee dahinter ist, dass eine Gruppendynamik durch einzelne Personen und nicht durch die Summe aller Beteiligten hervorgerufen wird. Die an Veränderungen Interessierten müssen sich auf einzelne bzw. extreme Meinungsmacher konzentrieren, welche einen asymmetrisch großen Einfluss auf ihr Umfeld haben und einen Wendepunkt (Tipping Point) auslösen können. Aus dem Gesetz der Wenigen lassen sich nach der Einbindung interner und externer Stakeholder in Innovationsprojekte folgende Leitsätze formulieren:

1. Klasse vor Masse.
2. Qualifikation vor Titel oder Image.
3. Keine Notlösungen, sondern nur Teammitglieder, die wirklich zentrale Beiträge liefern!
4. Aktive Denker, keine passive Ignoranten.
5. Keine »Lehrlinge«, sondern »Macher«.

Starten wir mit der Aussage »Klasse vor Masse«. Während man früher vielerorts oft noch Projektteams mit zehn oder mehr Teilnehmern vorfand, arbeiten moderne Teams mit maximal fünf bis sieben Fachpromotoren. Kleine interdisziplinäre Teams kommen einfacher und schneller zu Ergebnissen als Teams, bei denen zu viele Personen involviert sind. Ganz nach dem Motto »Viele Köche verderben den Brei« geht es um die kluge Auswahl der wenigen zentralen Projektteilnehmer. Die weiteren projektrelevanten Stakeholder werden von Fall zu Fall eingebunden, beispielsweise über kollaborative Software-/Online-Arbeitsumgebungen oder monatliche Reviews.

Die Mitglieder der kleinen Projektteams sind aufgrund ihrer Qualifikation, ihren Ideen, Erfahrungen und Kompetenzen einzubinden – und nicht aufgrund ihrer Titel oder ihrer Zugehörigkeit zur Managementebene. Das Ziel der Digitalen Transformation ist »Nutzen«. Dies gilt auch für jedes Mitglied in einem Projektteam: Welchen Nutzen bietet er/sie dem Team und dem ganzen Projektverlauf? Brauchen wir dieses Teammitglied wirklich oder ist ein anderer besser geeignet? Hat diese Person überhaupt Zeit und Lust, an dem gemeinsamen Projekt mitzuwirken, oder ist eine andere Person länger verfügbar bzw. motivierter?

Kein Teilnehmer als Notlösung: Weder aus politischen, fachlichen oder emotionalen Gründen sollte man

Teilnehmer akzeptieren, die keinen zentralen Beitrag (inhaltlicher oder zeitlicher Natur) liefern.

Nach dem Leitsatz »Keine Lehrlinge, sondern Macher«, sind Transformationsprojekte und -Teams auch nur bedingt Ausbildungsplätze für unerfahrenere Teammitglieder.

Die Scrum-Methodik nennt die direkt von einem Transaktionsprozess betroffenen Personen »Pigs« (Schweine) und außenstehende Involvierte »Chickens« (Hühner). Diese Begriffe gehen auf einen englischen Witz zurück, der im Original wie folgt lautet:

A chicken and a pig were brainstorming ...
Chicken: Let's start a restaurant!
Pig: Great idea! What would we call it?
Chicken: Ham 'n' Eggs!
Pig: No thanks. I'd be committed, but you'd only be involved!

Mit anderen Worten: All jene Teammitglieder, die mit ihrer Teamzugehörigkeit Verantwortung und Risiken übernehmen, sind betroffen und »committed«. Srum bezeichnet diese als »Pigs«. All die Personen, die zwar gern mitreden, kritisieren und am möglichen Erfolg partizipieren wollen, ansonsten aber eher unbeteiligt den eigentlichen Machern bei der Arbeit zusehen, bezeichnet man als »Chickens«. Sie wollen gern involviert sein, aber ohne Verantwortung zu übernehmen. Wir bezeichnen diese involvierten, aber nicht betroffenen Personen in diesem Buch höflicher als »Stakeholder«, also als Personen, die einen positiven bzw. negativen Einfluss auf die Projekte bzw. Transformationen ausüben können.

4.3.3 Rollen der Digitalen-Transformation-Manager

Definition

Neben den (betroffenen) Promotoren für Projekte der Digitalen Transformation und den (involvierten) Stakeholdern, gibt es jene besondere Rolle, die Manager/Managerinnen übernehmen, die die Digitale Transformation selbst als Vision und/oder Prozess begleiten. Wir nennen diese Personen der Einfachheit halber **Digitale-Transformation-Manager** (kurz: DTM). Schon der englische Wortursprung (to manage – handhaben, bewerkstelligen, leiten) verdeutlicht die zentrale Aufgabe des DTM als Motivator, Übersetzer, Begleiter, Moderator, Impulsgeber und Kontrolleur der Digitalen Transformation.

Digitale-Transformation-Manager sind Rollen, keine Stellen! Ganz im Sinne der agilen Ansätze der Digitalen Transformation gilt es, für DTM keine neuen Stellen zu schaffen, sondern vielmehr die Kompetenzen (weiter-)zu entwickeln, Rollen zu definieren und die Tätigkeiten der DTM aktiv zu unterstützen. Manche Firmen haben zur Etablierung und Steuerung der Digitalen Transformation jedoch extra Stellen geschaffen wie besonders jene des **Chief Digital Officers** (kurz: CDO). Oft gehören diese CDOs der höheren Managementebene an. Allerdings behindern solche Stellen je nach Unternehmenskultur gerade die Digitale Transformation. In den Augen vieler Mitarbeiter haben die CDOs quasi die Exklusivität (Freiräume, Wissen und Budget) für den digitalen Wandel, was zu Neid, Eifersucht und Ablehnung von Seiten der übrigen Bereiche führen kann. Weitaus besser geeignet sind hier DTM in allen etablierten Organisationseinheiten, sodass die Digitale Transformation intrinsisch wirken kann.

DTM finden sich innerhalb aller Promotorenrollen der unterschiedlichen Projekte einer Digitalen Transformation: Als Machtpromotoren können DTM Visionen und konkrete Maßnahmen zur Digitalen Transformation anstoßen. Als Prozesspromotoren begleiten DTM als Scrum-Master, OKR-Master oder Change Agents aktiv Projekte im Rahmen der Digitalen Transformation. Als Fachpromotoren wirken DTM als Experten für Operational Excellence, Customer Experience oder für neue Geschäftsmodelle. Sie bieten Expertisen zu Technologien, Normen, Branchen- oder Prozess-Know-how.

Praxis

Die Rollen der Digitalen-Transformation-Manager orientieren sich an den vier Themenfeldern der Digitalen Transformation (siehe Abbildung 4.26):

- Trendspotter und Dolmetscher der neuen Technologien (Technology),
- Digitalstratege und Business-Joker im Rahmen des Digitalen Business,
- Projektverkäufer und Projektmanager (Projekt) sowie
- Sparring-Partner und Kommunikator im Rahmen des Veränderungsmanagements (Change).

Starten wir mit der Technologie: Als **Trendspotter** identifizieren DTM neue Technologien oder Anwendungen und übersetzen diese Entwicklungen in die Sprache und das Verständnis ihrer Zielpersonen (Kollegen, Chefs etc.). Sie haben immer ein Ohr am technologischen Fortschritt, aber auch an den Bedürfnissen des Unternehmens und seiner Fachabteilungen.

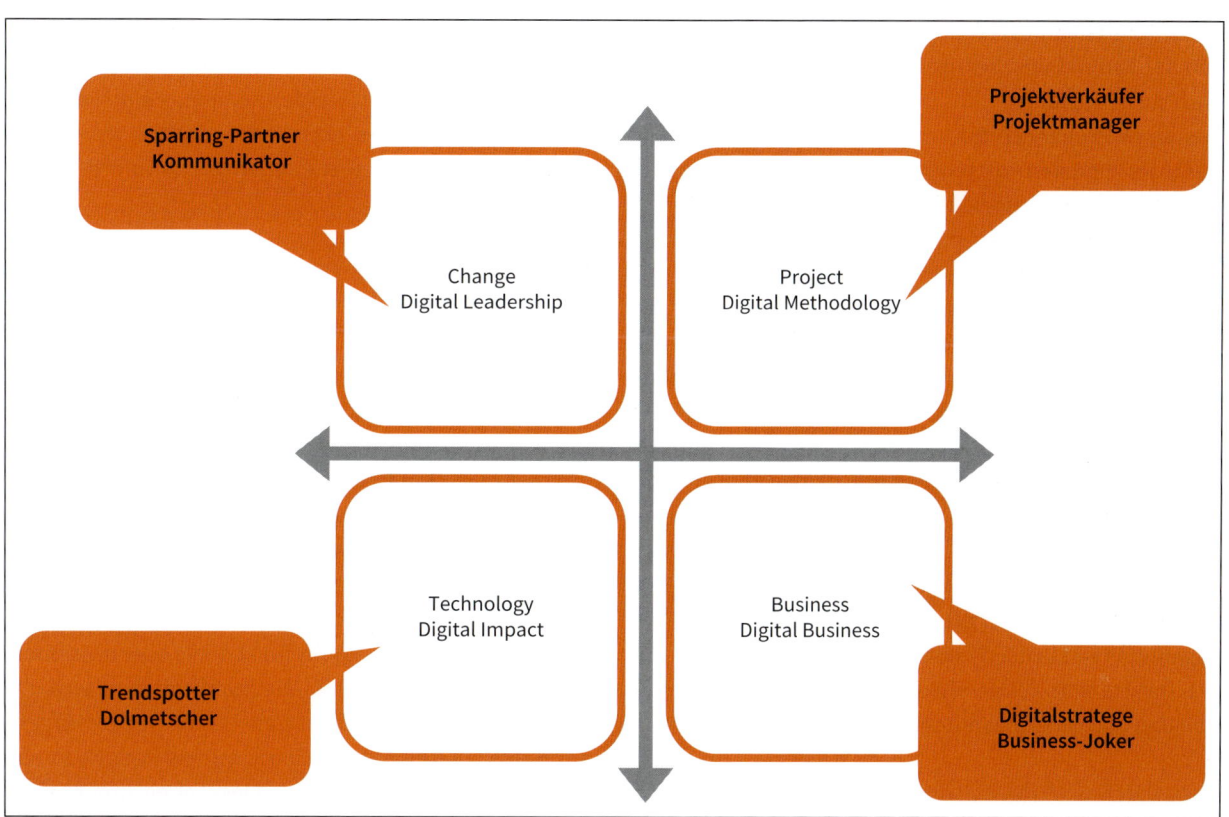

Abb. 4.26: Rollen des Digital-Transformation-Managers

Digitale
Trans-
formation

Digitali-
sierung

Business

Change

Der Digitalstratege und **Business-Joker** kommt mehr von der kaufmännischen bzw. unternehmerischen Seite und sucht Lösungen für die Operational Excellence, Customer Experience oder neue Geschäftsmodelle auf Basis des digitalen Fortschritts sowie des Wettbewerbsumfelds. Der Business-Joker ist ein Macher und Visionär, der neue Lösungen früh erkennt und sie umgesetzt haben will. Dazu steht er mit seinen Erfahrungen (auch aus früheren Misserfolgen), seinem Netzwerk sowie seinen Befugnissen (Legitimation etc.) zur Verfügung.

Die Rolle des Projektverkäufers und **Projektmanagers** haben wir im vorherigen Kapitel anhand des Scrum-Masters ausführlich beschrieben: Er betreibt ein konsequentes Prozessmanagement, ohne selbst disziplinarischer Vorgesetzter eines Projekt- oder Transformationsteams zu sein.

Schließlich folgt die Rolle des Kommunikators und **Sparring-Partners**, der die Phasen des Veränderungsmanagements versteht, erkennt und moderiert. Er kennt das »Tal der Tränen« auf dem Weg zur Digitalen Transformation und freut sich, hier mit seinen Kenntnissen zu wirken.

Konsequenz

Kaum eine Einzelperson kann diese vier Rollen ganzheitlich alleine ausfüllen. Daher benötigt es zum einen mehrere Personen oder gar Teams als DTM, zum anderen kann man an den vier Rollen ablesen, dass feste Stellen diesen Aufgaben kaum gerecht werden können. Vielmehr gilt es, in allen Fachbereichen entsprechende DTM mit diesen Rollen zu entwickeln, zu etablieren und anzufordern.

4.3.4   Organisation

Definition

Als Unternehmensorganisation bezeichnet man die Schaffung von Strukturen (inklusive Hierarchien, Aufgaben und Verantwortungen) und Prozessen zur Steuerung von Unternehmen. Dabei geht es um die Frage, wer wann was und wie zu erledigen hat, damit am Ende das gemeinsame Ziel einer nachhaltigen Wettbewerbsfähigkeit, Rentabilität und Liquidität erreicht wird. In der Aufbauorganisation (Strukturen) gibt es unterschiedliche Ansätze wie Einlinien- und Mehrliniensysteme, funktionale oder divisionale Strukturen, Matrix-, Holding-, Netzwerk- oder gar virtuelle Organisationen. In der Ablauforganisation (Prozesse) geht es um die Operational Excellence mittels Reduktion von Durchlaufzeiten, Fehlerquoten, Liegezeiten und Kosten, aber auch um die Steigerung der Customer Experience dank hoher Qualität und Kundenzufriedenheit.

Praxis

Heutige Unternehmensorganisationen sind den Anforderungen an die Digitale Transformation oft nicht gewachsen. Je nach Unternehmensebene erscheinen die Ergebnisse auf den ersten Blick zwar noch gar nicht als existenziell bedrohlich: Da bleibt die Einführung einer neuen Software lediglich hinter den Erwartungen zurück, die Automatisierung scheitert an einer Schnittstellenproblematik oder die elektronische Datenkommunikation mit Geschäftspartnern endet am Faxgerät. In Wahrheit behindern aber klassische Organisationsformen mit ihren fixen Stellengefügen, starren Hierarchien, standardisierten Prozessen und ihrem egoistischen Abteilungsdenken in Zeiten von Unsicherheiten und Veränderungen jegliche Transformation und digitalen Wandel.

Nicht so bei jungen Unternehmen (Start-ups) oder etablierten, aber agilen Organisationen. Hier dominieren weniger eingefahrene Strukturen oder standardisierte Prozesse, sondern vielmehr flexible Netzwerke mit autonomen, dezentralen Entscheidungsstrukturen basierend auf flexiblen Kompetenz-Rollen. Verantwortlichkeiten werden sukzessive vom Vorgesetzten weg und zu den Experten eines Teams verlagert, sodass Entscheidungen nicht mehr über mehrere Hierarchieebenen hinweg getroffen werden müssen und Ergebnisse rascher sichtbar sind.

Brain J. Robertson hat in seinem Buch »Holocracy« (2015) eine netzwerkartige und agile Organisationsform entwickelt, die er **Holokratie** (von altgriech. Holos – vollständig, ganz; Kratía› dt. -kratie – Herrschaft) nennt (Robertson 2015 sowie seine Beiträge auf www.holacracy.org). In der Holokratie bestimmen nicht Linienfunktionen und Personen eine Organisation, sondern Rollen, die sich an konkreten Aufgaben orientieren. Die Rollen haben festgelegte Verantwortlichkeiten und gegebenenfalls Befugnisse über materielle Ressourcen. Zusammengehörende Rollen bilden ein Team bzw. einen sogenannten Kreis

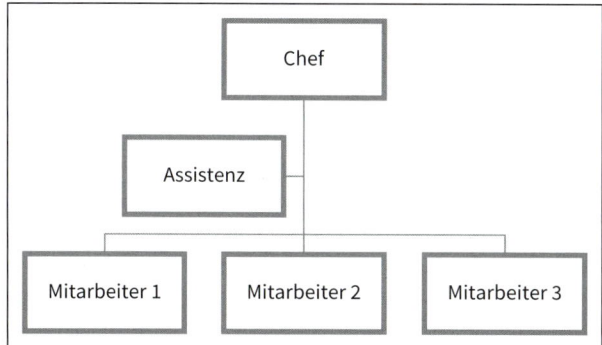

Abb. 4.27: Klassische Organisationsform

(siehe Abbildung 4.28). Die Teams organisieren ihre Strukturen und Verantwortlichkeiten weitestgehend selbst. Ein Teammitglied kann mehrere Rollen gleichzeitig ausfüllen bzw. wieder abgeben, anstatt in starren Jobbeschreibungen gefangen zu sein. Verantwortungsbewusstsein und Kompetenz sind für die Rollen und daraus resultierende Entscheidungen ausschlaggebend – nicht die Weisungen eines Vorgesetzten innerhalb einer Hierarchie.

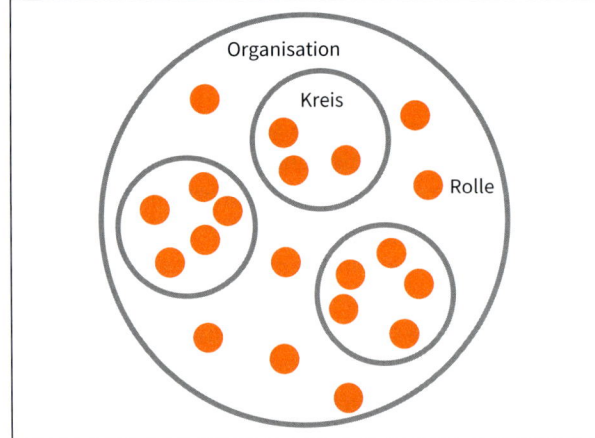

Abb. 4.28: Holokratie

Vier Leitlinien bestimmen die Holokratie:

1. Die Trennung von Steuerungs- und Operativen Treffen (also eine Trennung zentraler Entscheidungen vom Tagesgeschäft) vollzieht sich in zwei Arten von Meetings. In regelmäßigen, zeitlich befristeten taktischen Meetings werden alle Mitglieder eines Kreises gleichzeitig über aktuelle Entwicklungen, Fortschritte und Hindernisse informiert und sie besprechen gemeinsam die nächsten Schritte sowie deren Prioritäten. Die daraus resultierende Transparenz fördert zusammen mit den dezentralen Entscheidungsstrukturen ein quasi psychologisches Eigentum aller Beteiligten an ihrem Projekterfolg, über welchen in den taktischen Meetings Rechenschaft gegeben wird. Dies steigert die Chancen auf die frühzeitige Identifikation von Problemen und mögliche Lösungen. Entscheidungen werden nicht nach dem Mehrheitsprinzip getroffen, sondern sie gelten so lange als angenommen, bis ein einzelnes Teammitglied widerspricht und darlegt, dass eine Entscheidung dem Kreis schadet. In den selteneren Governance-Meetings geht es um die Art und Weise, wie in dem Kreis zusammengearbeitet wird und welche Rollen wer aktuell besetzen soll. Nur hier werden zwischenmenschliche Probleme offen angesprochen und (wenn möglich) direkt geklärt.

2. Es existiert eine sogenannte doppelte Verbindung, d. h. ein Teamvertreter nimmt sowohl in den nächsthöheren wie in den unteren Kreisen teil, mit denen man dadurch in enger Verbindung steht. Somit findet zwischen dem Topmanagement und allen Kreisen eine parallele Top-down- und Bottom-up-Kommunikation statt. Die Rolle, die das eigene Team mit dem nächsthöheren Kreis verbindet, bezeichnet man als Lead Link. Hier handelt es sich nicht um einen Vorgesetzten im klassischen Sinn, sondern um eine Verbindungsrolle, die sich dem Governance-Prozess des eigenen Kreises unterordnet.
3. Die dritte Leitlinie umfasst die gemeinsame und präzise Klärung der Zuständigkeiten und Rollen. Die Rollen beziehen sich auf aktuelle, reale Vorgänge und nicht auf theoretisch »angedachte«, geplante Strukturen wie vorwiegend in klassischen Organigrammen.
4. Es gilt das Prinzip einer dynamischen Steuerung, bei der es nicht primär um eine optimale Entscheidung geht, sondern um brauchbare, aber auch korrigierbare Lösungen. Ganz nach dem Prinzip der Iteration erlaubt Holokratie experimentelles Vorgehen in der Entwicklung von Produkten, Prozessen oder ganzen Geschäftsmodellen. Erscheint ein Gedanke jetzt gerade sinnvoll, kann er prinzipiell getestet werden.

Stellt sich dieser Gedanke später als weniger nützlich oder gar als falsch heraus, kann er ohne Imageschaden wieder rückgängig gemacht werden.

Konsequenz

Ob es sinnvoll ist, alle Mitarbeiter in agilen Teams arbeiten zu lassen und ob diese Teams jeweils die komplette Wertschöpfungskette verantworten sollten, hängt vom Unternehmen, vom Projekt bzw. der Aufgabe und den teilnehmenden Personen ab. Denn nicht alle Aufgaben eines Unternehmens benötigen Agilität. Leistungsprozesse, die standardisiert stattfinden und in denen Lernen keine große Rolle spielt, profitieren von Agilität viel weniger als die Bereiche, in denen Lernen unumgänglich ist.

Gleichzeitig sind nicht alle Menschen für agile Teamstrukturen geeignet. Denn nicht jeder Arbeitnehmer fühlt sich in einem Umfeld ohne Hierarchien und Vorgaben wohl. Das **Reifegradmodell** (siehe Kapitel 4.2.1) verdeutlichte bereits, dass nicht jeder Mitarbeiter bereit ist, für das Unternehmen oder auch nur für ein Projekt Verantwortung zu übernehmen. Mitarbeiter eines niedrigeren Reifegrades benötigen langfristige Strukturen und klare Hierarchien mit disziplinarischen Vorgesetzten.

Der Grundgedanke agiler Organisationen, und allen voran der Holokratie, ist verlockend. Doch werden Mitarbeiter nicht nur von der Aufbau- und Ablauforganisation beeinflusst. Verschiedene Führungsinstrumente wirken zusätzlich auf die Motivation oder Demotivation eines Mitarbeiters wie konkrete Ansprechpartner (beispielsweise für Arbeit- und Urlaubszeiten, Bewertungen und Beförderungen), materielle Arbeitsbedingungen (wie Gehalt, Bonus, Firmenwagen) oder immaterielle Vorteile (wie eigenes Büro, Titel, Arbeitszeiten, Teilnahme an spannenden Projekten oder die Möglichkeit zur Arbeit im Homeoffice). Holokratische Organisationen testen hierzu verschiedene Neuregelungen wie etwa die Abkehr vom Einzelbonus zum Teambonus, Gehaltsgruppen, die von flexiblen, aus der Mitarbeiterschaft besetzten Gehaltsgremien beschlossen und überwacht werden bis hin zu demokratisch gewählten Vorgesetzten aus den eigenen Mitarbeiterreihen.

Demokratische Wahl des Vorgesetzten

Die Mitarbeiter des weltweit bekannten Erfinders der Kunststoffmembran Gore-Tex, die Firma W. L. Gore & Associates aus Newark im US. Bundesstaat Delaware, suchen sich ihre Aufgaben selbst aus und bestimmen demokratisch einen Vorgesetzten aus den eigenen Reihen. Gore verfügt auch über keine formellen Organisationsstrukturen und Stellenbeschreibungen. An die Stelle von Vorgaben und Anweisungen treten auf Vertrauen basierende Abmachungen unter den Mitarbeitern. Eine solche Zusammenarbeit funktioniert nicht bei zu großen Strukturen. Ab einer Größe von 200 Mitarbeitern pro Einheit werden bei Gore zwei neue Einheiten gebildet. So lassen sich kleine, eigenständige Organisationen mit hoher Effizienz führen.

So schön der Gedanke an Agilität und agile Teamstrukturen im Rahmen einer Digitalen Transformation ist, gibt es abgesehen von dem persönlichen Reifegrad der Mitarbeiter weitere Risiken, die in Abbildung 4.29 dargestellt werden. Die Dezentralisierung, Enthierarchisierung und Flexibilisierung der Organisation kann bei den Betroffenen (Projekt-)Mitarbeitern zu Problemen der Politisierung, Komplexität, Identität und Haftung führen.

Agilen Teams droht die Gefahr von anhaltenden Diskussionen zur Konsens- und Entscheidungsfindung und das Entstehen von Fraktionen (Politisierungsprobleme). Im schlimmsten Fall kommt es zu Kämpfen zwischen den Fraktionen, zur Akzeptanz des niedrigsten gemeinsamen Nenners oder gar zur Blockade des Projektes.

Fehlende zentrale Führung und Hierarchien können außerdem die Komplexität in einem Projekt und Team erhöhen oder bei Mitarbeitern mit niedrigeren Reifegrad zu

Identitätsproblemen führen, obwohl gerade die Reduktion von Komplexität sowie eine gesteigerte Einbindung und Identifikation der Betroffenen das Ziel agiler Strukturen ist.

Schließlich kann die Dezentralisierung, Enthierarchisierung und Flexibilisierung zu Haftungsproblemen im Sinne der Organhaftung von Geschäftsführern und Vorständen führen, wenn sich niemand mehr für ein Projekt verantwortlich fühlt. Doch auch hier sucht die Agilität das Gegenteil, indem sich die Mitglieder von Transformationsprojekten als Verantwortliche sehen und fühlen.

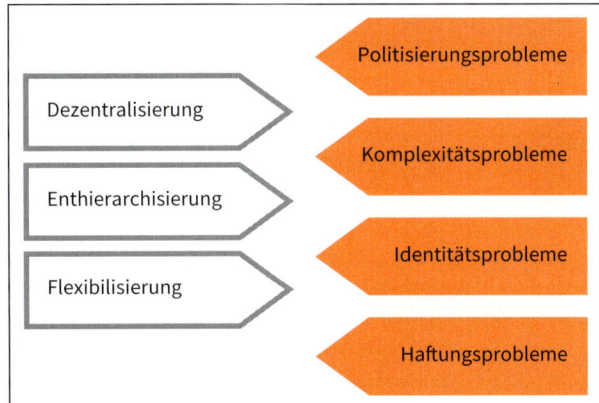

Abb. 4.29: Risiken agiler Strukturen

Diesen Risiken agiler Strukturen kann man mittels konsequenter Führung (Consequence), gut überlegter Auswahl der Beteiligten (Competence) sowie den Leitlinien des nun folgenden Kapitels (Collaboration) entgegenwirken.

4.4 Collaboration

Definition

Collaboration beinhaltet die Einbindung aller Leistungsträger und zentralen Stakeholder in die Digitale Transformation in den drei klassischen Phasen des Change Managements: Sensibilisieren (Un-Freezing), Bewegen (Moving) und Etablieren (Re-Freezing) – also dem Prozess der Auseinandersetzung um die beste Idee und deren Umsetzung. Collaboration heißt hier aber nicht, dass sich die Mitarbeiter fügen oder klein beigeben müssen. Collaboration bedeutet vielmehr, die auf ein Thema oder Projekt bezogene Zusammenarbeit von Belegschaft, Leistungsträgern und Stakeholdern mit dem Ziel, gemeinsam Problemlösungen herzuleiten. Als **Stakeholder** bezeichnen wir jene Personengruppen, die einen Anteil (Stake) am Erfolg oder Misserfolg eines Unternehmens haben,

Ihre Bedeutung wurde bereits in der Corporate-Management-Canvas zum Verständnis aktueller und der Identifikation neuer Geschäftsmodelle hervorgehoben (siehe Kapitel 3.1.3).

(siehe Kapitel 3.1.3).

Praxis

Die Stakeholder-Gruppen lassen sich wie in Abbildung 4.30 klassifizieren und beliebig konkretisieren: Stakeholder der Finanzen (Banken, Investoren, Analysten, Gesellschafter), der Öffentlichkeit (Presse, Meinungsmacher in sozialen Medien, Non-Government-Organisationen), der Regulatoren (Staat, Behörden, Kirchen, Gewerkschaften und Verbände), der Partner (Geschäftspartner, Berater, Coaches, Freunde und Familie), der Mitarbeiter (Vorgesetzte, Kollegen und Arbeitnehmervertreter) oder der Lieferanten (Lieferanten im klassischen Sinne, aber auch

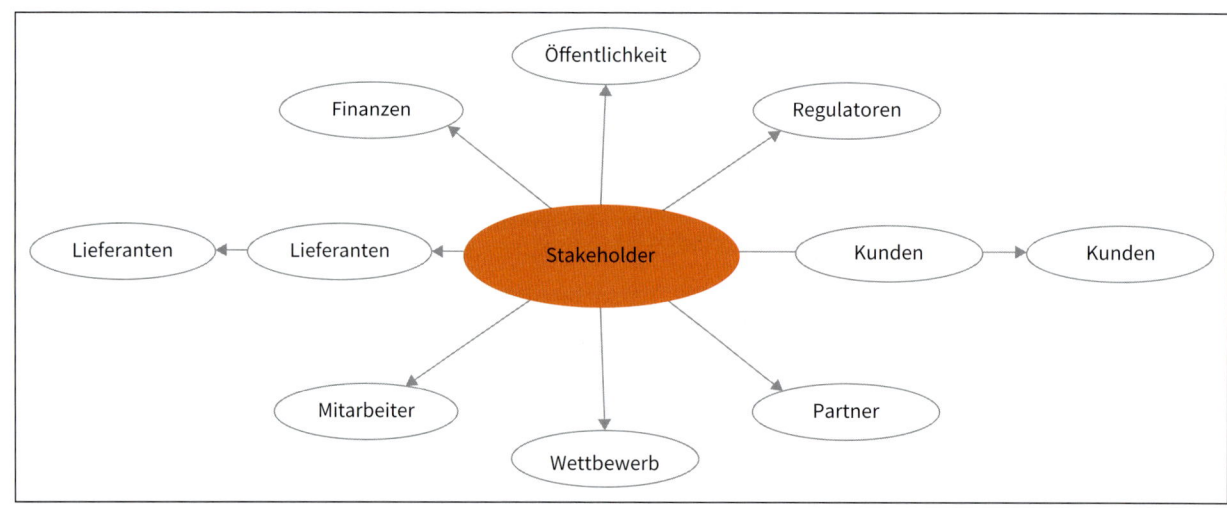

Abb. 4.30: Stakeholder der Digitalen Transformation

Dienstleister wie z. B. für EDV, Recht und Steuern, Werbung oder Facility Management).

Impulse für die Digitale Transformation können von den unterschiedlichsten Stakeholder-Gruppen in ein Unternehmen fließen: Mitarbeiter haben eigene Ideen, Kunden äußern direkt ihre Wünsche und geänderten Bedürfnisse, Wettbewerber schaffen Substitutionen oder Disruptionen, Berater zeigen neue Wege auf, Coaches stellen die richtigen Fragen, Werbeagenturen habe eigene kreative Konzepte, Behörden fordern oder fördern neue Produktionsverfahren, der Arbeitsmarkt zwingt zu Struktur- oder Kulturinnovationen, Banken regen zu Prozessinnovationen wie einem effizienteren Cash- und Liquiditätsmanagement an und Lieferanten zeigen Prototypen, die entweder aus eigenen Ideen entstanden sind oder die auf Wunsch anderer Kunden entwickelt wurden.

Dass Kunden zentrale Stakeholder für Innovationen sind, ist nicht neu. Aber die Berücksichtigung nicht nur externer, sondern auch interner Kunden wird oft vernachlässigt. **Externe Kunden** sind jene, die dank des von ihnen generierten Umsatzes, die Kosten des Unternehmens decken und Gewinne ermöglichen. Ihre Nachfrage, ihre Bedürfnisse, Kauf- und Anwendungsgewohnheiten stehen im Zentrum des gesamten Innovationsprozesses zugunsten von Produkt-, Markt- und Geschäftsmodellinnovatio-

nen. **Interne Kunden** sind die nachgelagerten Prozessschritte oder jene Unternehmensbereiche, für welche die jeweilige Leistung eine Voraussetzung für ihre eigene Tätigkeit ist. Interne Kunden profitieren besonders von Prozess- sowie Organisationsinnovationen. Alle Ideen werden daher konsequent auf die Chance der Erzielung einer wirtschaftlich attraktiven Nachfrage dieser externen und internen Kunden geprüft, ausgewählt und umgesetzt.

Konsequenz

Eine klassische Regel sowohl des Innovations- als auch Veränderungsmanagements lautet, Betroffene zu Beteiligten zu machen. Dabei werden zwei Zielrichtungen verfolgt: Erstens die Einbindung aller Interessen und zweitens die Motivation zu Veränderung. In der agilen Welt versteht man unter Kollaboration jedoch nicht mehr die Einbindung aller Betroffenen, sondern die Einbindung aller notwendigen (!) internen und externen Stakeholder, ohne dass zu viele Personen dauerhaft operativ im Transformationsprojekt mitarbeiten. Nach dem Gesetz der Wenigen gilt es, die zentralen Stakeholder zu identifizieren und für die Projektarbeit mittels agiler Projektstrukturen und -methoden zu motivieren.

Die Matrix für das Rating von Stakeholdern in Abbildung 4.31 hilft bei der Beurteilung, welcher Leistungsträ-

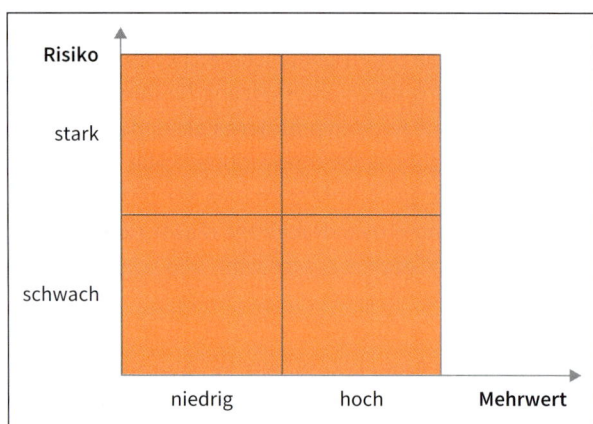

Abb. 4.31: Matrix für das Rating von Stakeholdern

ger oder Stakeholder in ein Projekt wie intensiv und wie oft einzubinden ist. Je nach Risikopotenzial eines Stakeholders sowie dem jeweiligen Nutzenpotenzial werden die Teilnehmer von Transformationsprojekten gemäß der Bewertungsmatrix eingestuft. Die Personen mit dem größten Mehrwertpotenzial (also alle, die für das Projekt sehr nützlich und zeitlich mehr oder weniger verfügbar) sind als aktive Fachpromotoren oder als passive Stakeholder in die Projektarbeit zu integrieren. Den Personen

aus dem rechten oberen Matrixfeld gilt es, viel Aufmerksamkeit (z. B. Marktforschung, Einbindung in Feedbackschleifen) zu schenken.

4.4.1 Motivation

Definition

Was motiviert Leistungsträger und Stakeholder zur Zusammenarbeit (Collaboration) mit anderen? Überraschenderweise sind es weniger materielle Faktoren (wie Gehalt oder Bonus), sondern immaterielle Faktoren, die Menschen zur Zusammenarbeit motivieren. Zu diesen immateriellen Faktoren zählen laut der Motivationstheorie die **intrinsische** und die **extrinsische Motivation**. Intrinsisch bedeutet, dass die Motivation aus einem inneren Antrieb heraus erfolgt, wie etwa aus persönlichem Interesse, Freude an einer Aufgabe und Spaß an Herausforderungen. Wird das Handeln eher von der Bestätigung durch andere oder der Sorge vor Nachteilen (wie Bestrafungen) angetrieben, so spricht man von einer extrinsischen Motivation.

Wie aber kann die Unternehmensleitung seine Leistungsträger und Stakeholder intrinsisch oder extrinsisch motivieren? Gute Erfahrungen sammelten die Autoren mit der Grundstruktur des bekannten 3-Phasen-Modells der Veränderungen, mit dem sich die Motivation zur Zusammenarbeit und die Bereitschaft zu Veränderungen steigern lässt. Kurt Lewin, der Altvater der Organisationstheorie formulierte dieses Modell bereits 1947 und unterschied dabei die drei Phasen Sensibilisierung (Un-Freezing), Bewegen (Moving) und Etablieren (Re-Freezing).

Die Sensibilisierung (**Un-Freezing**) dient der Vorbereitung einer Veränderung bei den Betroffenen und zielt auf die zu schaffende Einsicht, dass die Zukunft nicht mehr uneingeschränkt mit der Gegenwart kompatibel ist. Oder anders ausgedrückt: Die Erwartungen entsprechen nicht mehr der Realität. Es bedarf einer Veränderung, wobei die nach Veränderung strebenden Kräfte zu stärken und ein Veränderungsbewusstsein zu initiieren ist. Ohne das Ge-

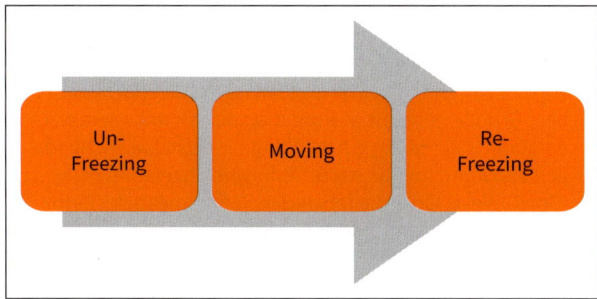

Abb. 4.32: Phasen der Veränderung

fühl der Dringlichkeit für eine Veränderung wird diese kaum stattfinden!

In der zweiten Phase von Veränderungen, dem Bewegen (**Moving**), geht es um den eigentlichen Änderungs- bzw. Anpassungsprozess. Nachdem die Betroffenen sensibilisiert und ihre Bedürfnisse erfasst und berücksichtigt wurden, steht nun die Generierung von Veränderungen und Lösungen sowie die Erprobung von neuen Verhaltensweisen im Mittelpunkt. Der Status quo wird verlassen und (hoffentlich) eine verändernde Bewegung zu einem neuen Gleichgewicht vollzogen. Das Moving sollte unter Einbindung aller Betroffenen und der bewussten Beseitigung von Hindernissen durchgeführt werden.

Das Ziel der dritten Phase des Veränderungsmanagements – der Phase des Etablierens, erneuten Einfrierens oder **Re-Freezing** – ist die Verfestigung der Veränderungen. Nach dem Phasenschema von Lewin bedürfen durchgeführte Veränderungen der Stabilisierung und müssen zur dauerhaften Integration in das Gesamtsystem wieder eingefroren werden. Es gilt im positiven Sinne das Motto »Aus Neu mach Alt«. Gleichzeitig ist mit dem Re-Freezing auch das Bewusstsein der Mitarbeiter für kontinuierliche Veränderungen und Verbesserungen zu verfestigen. Orientiert an dem Leitsatz »Nichts ist so beständig wie der Wandel« darf jedoch der neue Zustand nicht erneut zur Gewohnheit werden und zu Starrheit führen. Vielmehr sollte sich das Verständnis verfestigen, dass für die Erhaltung der Wettbewerbsfähigkeit eine kontinuierliche und zielorientierte Anpassung an sich ständig verändernde Umweltfaktoren unerlässlich ist.

Praxis

In der Beratungs- und Coaching-Praxis haben sich verschiedene Instrumente für den Einsatz in Levins 3-Phasen-Modell immer wieder gut bewährt (siehe Abbildung 4.33).

Beim Un-Freezing, also bei der Vorbereitung einer Veränderung, helfen verschiedene kaufmännische Techniken für Marktanalysen (z. B. die schon weiter oben vorgestellten PESTEL- und Pain- und Gainspotting-Analysen) sowie Unternehmensanalysen (z. B. SWOT, Lebenszyklen), aber auch Führungstechniken wie z. B. die Erfolgsvorsorge, bei welcher gefragt wird, wo die Betroffenen in fünf Jahren stehen wollen, wenn verschiedene Szenarien eintreten.

Das Moving, also die Bewegung der Betroffenen, unterstützen zahlreiche Kreativitäts-, Szenarien- und Kommunikationstechniken. Während das Thema Kommunikation im folgenden Kapitel behandelt wird, soll hier kurz auf die Instrumente der Kreativitätslehre eingegangen werden.

Phase	Instrumente
Un-Freezing	Markt-und Unternehmensanalysen, Führungstechniken
Moving	Kreativitäts-, Szenarien- und Kommunikationstechniken
Re-Freezing	Routine, Reflexion, Zielvorgaben

Abb. 4.33: Instrumente zum Management von Veränderungen

Kreativität

Kreativität beschreibt die Fähigkeit, neue Ideen und Erkenntnisse zu formen bzw. zu finden. Dabei gilt das Motto: Jeder kann kreativ und innovativ sein – man muss es nur wollen! Aber so mancher steht sich bei der Entwicklung von Kreativität selbst im Wege. Meist werden nachvollziehbare Gründe genannt, warum man nicht kreativ sein will, darf oder soll. Häufig gilt im Alltag die nicht ausreichende Zeit als Grund für das starre Verfolgen eingefahrener (Denk-)Wege. Oder die fehlenden Freiräume in der Firma, Familie oder im Freundeskreis. Aber in Wahrheit sind es meistens Bequemlichkeit oder fehlender Mut, die individuelle Kreativität und die daraus resultierenden Veränderungen verhindern.

Gelebte Kreativität in einer Gruppe wirkt intrinsisch und motiviert zur Zusammenarbeit. Die unterschiedlichen Techniken zur Schaffung von Kreativität lassen sich in drei Gruppen einordnen.

Bei der Gruppe der **Assoziationstechniken** geht es darum, möglichst viele mit einem Thema zusammenhängende Aspekte und Elemente zu finden. Als Assoziation wird dabei die gedankliche Verknüpfung von Vorstellungen und Ideen verstanden. Zum Wecken von Assoziationen dienen beispielsweise das Brainstorming in seinen verschiedenen Varianten (wie Brainwriting, Brainwalking, Mindmapping) sowie verschiedene Methoden der Gruppenmoderation (die im folgenden Kapitel näher beschrieben werden).

Die zweite Gruppe der Kreativitätstechniken betrifft das **laterale Denken** bzw. den Perspektivenwechsel. Ziel dieser Methoden ist das Verlassen eingefahrener Denkmuster, wie es sich gut an der Umkehrmethode verdeutlichen lässt. Bei dieser einfachen Technik wird beispielsweise bewusst danach gefragt, wie man eine Leistung oder einen Prozess weiter verschlechtern (statt verbessern) kann.

Die dritte Gruppe der Kreativitätstechniken umfasst die **Analogien**, bei denen durch Bildung von Ähnlichkeiten auf sinnverwandte Probleme oder andere Ebenen ausgewichen wird. Die Bionik hat z. B. das Ziel, Lösungen der Natur auf Probleme der Technik anzuwenden. Bekannte Ergebnisse sind der Klettverschluss (dank der lästigen Kletten in der Natur) und das Design von U-Booten unter Anlehnung an die Hautoberfläche von Pinguinen.

Ziel der dritten Phase des Managements von Veränderungen ist das Etablieren oder Re-Freezing, also die Verfestigung bzw. Etablierung der Veränderungen. Eine einfache Technik, um Betroffene an eine neue Situation zu gewöhnen, ist es, dass sie durch ständige Wiederholungen und Übungen neue Routinen bilden. Ein Rückfall in alte Strukturen – falls nicht anders möglich auch durch Verbote – sollte verhindert werden. Auch Reflexionsmeetings wie im Lean Management (japanisch als Hansei-kai bezeichnet) helfen beim Re-Freezing. Hier werden offen jene Schwächen angesprochen, die während der beiden ersten Phasen (Un-Freezing und Moving) aufgetreten sind, und Möglichkeiten erarbeitet, wie man diese Schwächen zukünftig verhindern kann. Gute Methoden zum Re-Freezing sind auch die Balanced Scorecard aus den 1990er-Jahren sowie die agile Objectives-and-Key-Results-Methode (siehe Kapitel 4.4.4).

Frei nach dem Motto »Schlechter geht immer, zehn Prozent besser aber auch« lebt die Digitale Transformation vom kontinuierlichen Wandel. Wenn Verbesserungen und Veränderungen ein gewollter und erstrebenswerter Bestandteil des Alltags einer Organisation und ihrer Unternehmenskultur werden, ist man nicht nur offen für Kreativität und die Überwindung möglicher Veränderungsbarrieren, sondern auch für eine partnerschaftliche Zusammenarbeit in Kreisen und Teams voller Prozess- und Fachpromotoren.

Konsequenz

Das laterale Denken stellt eine Gegenkraft zum vertikalen Denken dar. Vertikales Denken vollzieht sich in logischem Schlussfolgern, dem Auswählen und Bewerten von Alternativen und der Konzentration auf das Relevante. Diese Art des Denkens hat sich in der Vergangenheit bewährt, um unser Gehirn vor der Reizüberflutung ständig wechselnder Wahrnehmungen und Informationen zu schützen. Doch in VUCA-Zeiten mit dem Bedarf einer organisationalen Ambidextrie reicht vertikales Denken alleine nicht mehr aus. Mithilfe des lateralen Denkens verlässt man gewohnte Denkweisen und entdeckt neue Problemlösungen. Und die Digitale Transformation lebt von der Fähigkeit aller Projektbeteiligten, eingefahrene Denkmuster zu verlassen! Gewohntes Denken ist starres Denken, es verläuft stets in gleichen Bahnen und verhindert Digitale Transformationen.

Neben der Umkehrmethode kommt der Ansatz des lateralen Denkens auch in der sogenannten **Walt-Disney-Methode** zum Tragen. Hier werden drei Rollen parallel oder sequenziell von einem oder mehreren Teilnehmern abwechselnd »gelebt«: die eines Träumers (mit fantastischen Einfällen), eines Kritikers (mit einer schonungslosen Kritik an den Ideen des Träumers) sowie eines Realisten (mit dem Versuch, die Möglichkeiten des Träumers mit den berechtigen Anmerkungen des Kritikers zu verbinden, um daraus umsetzbare Ideen zu entwickeln).

Fehlt eine der drei Rollen, so fehlt die Basis für eine erfolgreiche Entwicklung der Digitalen Transformation. Zudem darf keine Rolle die übrigen Rollen dominieren, da sonst entweder die Kreativität leidet oder die Chancen zur Umsetzung schwinden. Der Charme dieser Kreativitätstechnik liegt in der klaren Trennung, aber auch der Ergänzung von Vision, Realität und realen Problemen. Oder mit anderen Worten: Digitale Transformation findet nicht wirklich statt, wenn eine Organisation nur von (naiven) Träumern, (abwartenden) Skeptikern oder (reinen) Statistikern geführt wird.

Digitale
Trans-
formation

Digitali-
sierung

Business

Change

Ursprung laterales Denken

Die Technik des Perspektivenwechsels oder lateralen Denkens versucht, eingefahrene, starre und stets in denselben Bahnen verlaufende Denkmuster zu verlassen. Einer der zentralen Vordenker zum Perspektivenwechsel ist Edward de Bono (Bono 2002). Die Walt-Disney-Methode geht auf Robert B. Dilts zurück und orientiert sich an seinem Verständnis der Unternehmerpersönlichkeit Walt Disney (Dilts 1994). Er sah in Walt Disney gleichzeitig einen Träumer, einen Realisten und einen Kritiker und entsprechend teilen sich die Rollen in seiner Kreativitätstechnik auf, ergänzt um die Rolle eines neutralen Beobachters.

Bisher wurden beim Thema Moving nur »sympathische« Techniken mit dem Fokus auf die Beteiligten und deren Mitwirkung angesprochen. Zur Generierung von Veränderungen und dem Ausprobieren von neuen Verhaltensweisen gibt es jedoch auch härtere Techniken aus dem Veränderungsmanagement, die auch die Kollaboration betreffen. **Manipulation und Zwang** bilden dabei die Gegenpole zu einvernehmlichen, kollaborativen Transformationsprozess. Zwangsmaßnahmen wie der Ausschluss aus dem Projektteam, die Versetzung an einen neuen Arbeitsplatz oder gar die Kündigung sind im Management

weiterhin legitime Instrumente, um bestimme Konflikte zu überwinden. Trotz Agilität, Enthierarchisierung und Dezentralisierung – die Verantwortung bleibt bei den Machtpromotoren, die als letzte Konsequenz zur Manipulation und zum Zwang greifen dürfen.

4.4.2 Kommunikation

Definition

Kollaborative Kommunikation lässt sich mittels des **SOAP-Modells** einfach erläutern, wobei sich die Buchstabenkombination aus den vier Prinzipien der kollaborativen Kommunikation zusammensetzt: Schnell und kurzfristig (Short Term), Offenheit (Openness), Argument (Argument) und Push-Prinzip (Push Principle).

Der Anspruch einer **schnellen und kurzfristigen Kommunikation** entspricht dem Wunsch aller Beteiligten, rasch und umfassend über die unterschiedlichen Maßnahmen im Rahmen der digitalen Transformation informiert zu werden. Veraltete Informationen führen zu Verdruss und nicht selten zum Aufkommen von Gerüchten. Zudem korrespondiert die Kommunikation mit dem Ziel der Schnelligkeit im Projektmanagement und dem Realisieren schneller Erfolge (Quick Wins).

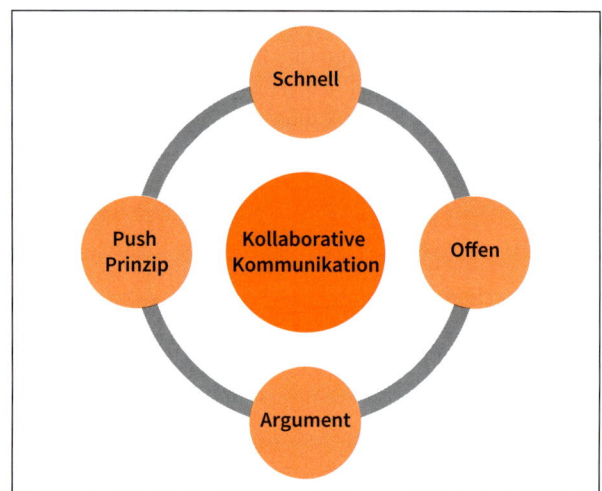

Abb. 4.34: Kollaborative Kommunikation (SOAP-Modell)

Agilität benötigt Chefs, die *mit* und nicht *zu* den Mitarbeitern sprechen (**Offenheit**). Diese Chefs verstehen, dass Kommunikation nicht nur von oben nach unten funktioniert, sondern immer in beiden Richtungen. Die besten Ideen, Anregungen oder auch konstruktive Kritik kommen nicht allein vom Machtpromotor, sondern von allen Projektbeteiligten. Diese müssen die Bereitschaft haben, zuerst einmal eine eigene Lösung zu erarbeiten, um sie

dann mit dem übrigen Team (Fachpromotoren) sowie den Prozess- und Machtpromotoren (z. B. Scrum-Master, Product Owner) abzustimmen. Dank klarer Kommunikationswege und -zeiten wie z. B. den monatlichen Entscheidungsrunden (Sprint Review) oder durch die Teilnahme an den täglich stattfindenden Stand-up-Meetings (Daily Sprints) sind die Machtpromotoren für die Anregungen der Teammitglieder erreichbar und keine unzugänglichen Einzelspieler.

Basierend auf sachlichen Entscheidungen (**Argument**) herrscht in einer kollaborativen Unternehmensführung eine Kultur der Auseinandersetzung und nicht der (»faulen«) Kompromisse. Alle Ideen, Anregungen und Kritiken sind transparent zu kommunizieren, sachlich zu bewerten und konstruktiv weiterzuentwickeln. Hindernisse im alltäglichen Projektgeschäft und Misserfolge dienen dem Lernen und der Verbesserung und weniger der Be- oder gar Abwertung der Betroffenen. Es gilt das Motto »Lieber ein Wort mehr kommuniziert als zu wenig«. Die Projektbeteiligten sollen sich selbst ihre eigene Meinung aus all den Daten und primären Informationsquellen bilden und nicht nur »vorgekaute« Auskünfte aus sekundären Quellen erhalten.

Kommuniziert wird nach dem **Push-Prinzip** der Information, bei dem (auch nicht anwesende) Teammitgliedern direkt informiert werden. Funktioniert das Push-Prinzip nicht, sind die Projektteilnehmer gezwungen, sich selber um Neuigkeiten und Ergebnisse zu bemühen und ihr Feedback zu geben. Dies verschlingt nicht nur mehr Zeit bei der Reaktion, sondern vor allem bei der Suche nach der gewünschten Information. Im schlimmsten Fall kommen zentrale Informationen gar nicht beim Adressaten an, was erneut zu Zeitverlust, aber auch zu Missverständnissen, Fehlentscheidungen und unnötigen Kosten führt.

Praxis

Führungskräfte, die ihre Leistungsträger und Stakeholder zur Digitalen Transformation motivieren wollen, sollten auf jene Kommunikationsmedien und -instrumente (siehe Abbildung 4.35) verzichten, die wie Einbahnstraßen nur eine Richtung kennen: von ihnen zu den anderen. Zu diesen Einbahnstraßen zählen Organisationsanweisungen wie Handbücher, Verhaltensmaßregeln, Verordnungen oder Stellenbeschreibungen. Diese Anweisungen

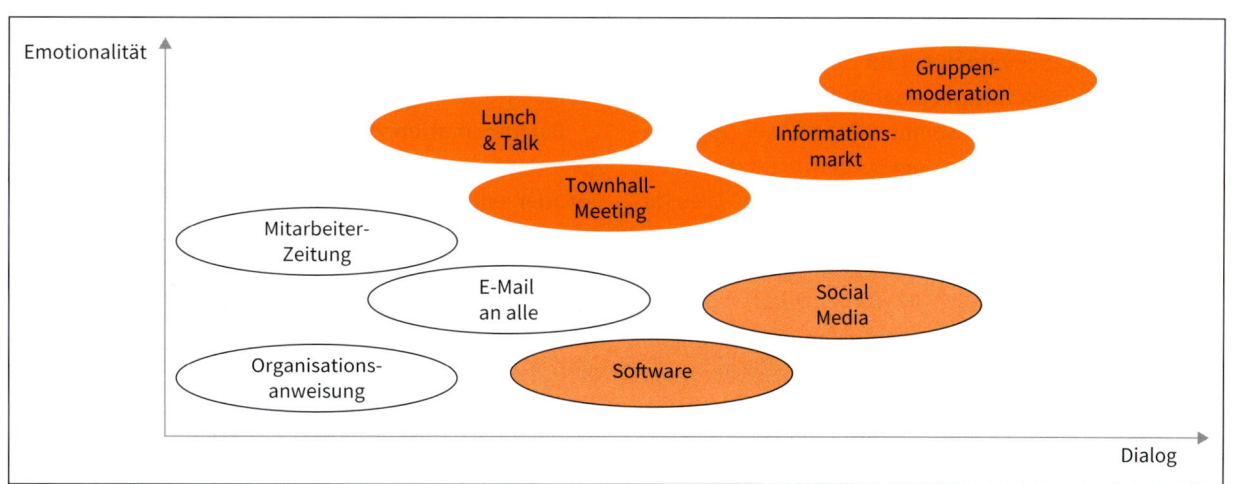

Abb. 4.35: Kommunikationsinstrumente

sammeln zwar wichtige Aspekte für die Betriebsorganisation und Haftung von Unternehmen und ihrer Organe, sie helfen jedoch nicht bei der Überwindung der vier emotionalen Barrieren. Einbahnstraßenkommunikation entsteht auch durch Offline- und Online-Mitarbeiterzeitungen sowie durch E-Mails an alle Mitarbeiter. Damit können aktuelle Themen zwar kurzfristig und mit großer Öffentlichkeit kommuniziert werden, aber diese Medien ermutigen meist nicht zum Dialog und sind daher nicht geeignet, mögliche Unsicherheiten oder Ängste zu erfassen und zu beheben.

Bei der Methode **Lunch & Talk** treffen sich eine oder mehrere Führungskräfte mit einem oder mehreren Mitarbeitern zu einem gemeinsamen Mittagessen. Dort können offene Themen, Fragen oder Sorgen direkt und (mehr oder weniger) vertraulich besprochen werden. Dies fördert die Emotionalität und Offenheit der Kommunikation, der Dialog ist jedoch auf eine kleine Teilnehmerzahl begrenzt. Denn abgesehen davon, dass zu diesen Terminen nur eine begrenzte Anzahl an Teilnehmern eingeladen werden kann, kommen auch nur jene Personen in den Genuss des Meinungsaustausches, die in der unmittelbaren Nähe zur Führungskraft sitzen. Die übrigen Teilnehmer werden tendenziell nur über kurze Ansprachen eingebunden.

Einen breiten Dialog erreicht man mit sogenannten **Townhall-Meetings.** Damit wird in den USA die Zusammenkunft von Bürgern und Politikern in den Räumen des Rathauses (Townhall) bezeichnet. In der Wirtschaft hat sich daraus eine direkte und ungefilterte Kommunikation zwischen Führungskräften und Mitarbeitern entwickelt. Die direkten Diskussionen haben Frage-Antwort-Teile (Q&A – Questions and Answers), wobei die ungefilterten (!) Fragen der Mitarbeiter entweder spontan gestellt oder vorab schriftlich übermittelt werden. Der Vorteil von Townhall-Meetings ist die große Öffentlichkeit der Veranstaltung sowie die geringere Ritualisierung gegenüber klassischen Betriebsversammlungen.

Bei **Informationsmärkten** präsentierten Einzelpersonen oder Teams in Form von Plakaten, Flipcharts, Modellen oder einfachen Skizzen ihre Ideen wie auf einer Messe oder einem Marktplatz an individuellen Ständen. Mit ihrer Präsentation laden sie alle Besucher zur Diskussion und Konkretisierung ihrer Ideen ein. Dabei entstehen kleinere und größere autonome Diskussionsgruppen, die sich mit dem Ideengeber konkreter austauschen – ganz nach dem im Folgenden beschriebenen »Gesetz der zwei Füße«.

Verschiedene Techniken ermöglichen die Moderation größerer Gruppen zu komplexen, dringenden Fragestellungen. Hierzu zählen beispielsweise die Methoden Open

Space, World Café, Barcamp oder Zukunftskonferenz, die im folgenden Kapitel ausführlich erläutert werden.

Zur Umsetzung des Push-Prinzips helfen kollaborative **Software-** und **Social-Media-Tools** wie Podio, Slack, Trello oder Yammer, aber auch einfache Tools wie LinkedIn, WhatsApp und Co. Beispielsweise kann eine Projektsitzung direkt per WhatsApp zusammengefasst und an alle (auch abwesende) Projektteilnehmer gesendet werden. Danach hat jeder ein bis zwei Tage Zeit, seine Anmerkungen oder Kritik an einer getroffenen Entscheidung via WhatsApp abzugeben. Den Einsatz von Software- und Social-Media-Instrumenten zur kollaborativen Kommunikation, aber auch zum Projekt- und Wissensmanagement bezeichnet man heutzutage gerne als Enterprise 2.0. Diese Beschreibung gilt im engeren Sinne für die Werkzeuge, die einen freien Wissensaustausch unter den Mitarbeitern ermöglichen und gleichzeitig auch voneinander einfordern. Im weiteren Sinn umfasst der Begriff des Enterprise 2.0 die generelle Tendenz zu agilen, dezentralen, enthierarchisierten Organisationen und Unternehmenskulturen und fungiert somit als Oberbegriff für die Organisationsformen der Digitalen Transformation.

Konsequenz

Teams werden heute mittels elektronischer Medien (wie Telefonkonferenzen, Mails, Chats, Dropbox) oft über große Distanzen verbunden. Doch dies reicht nicht aus. Push-Kommunikation funktioniert nicht nur digital. In Zeiten der Digitalisierung vergessen viele, dass das Prinzip der schnellen, direkten und unmittelbaren Kommunikation vor allem direkt von Mensch zu Mensch stattfinden sollte. Darum ist ein regelmäßiges reales Zusammentreffen von Menschen in einem ansprechenden Raum eine zentrale Stütze jeglicher Kooperation und Kollaboration. Die Innovationsmethodik Design Thinking hat den Raum, in welchem ein Innovationsteam zusammentrifft, sogar als einen ihrer drei zentralen Grundpfeiler hervorgehoben. Es reicht nicht mehr aus, nur die richtigen Teammitglieder auszuwählen, freizustellen und zusammenzubringen. Vielmehr benötigen sie auch eine Räumlichkeit, in der sie gerne zusammenkommen und die der Kreativität förderlich ist. Fensterlose, unpersönliche Büroräume oder kalte Raucherecken im Außenbereich motivieren nicht zum Perspektivenwechsel oder freien Denken und sind auch nicht geeignet, die Kreativität zu wecken.

Kreativität verlangt nach einer positiven Gruppendynamik mittels echter Präsenz. Durch intelligente Gestaltung, einladendes (Farb-)Design und helles Tageslicht, unterstützen die Innovationsräume die Interaktion und Dynamik aller Teamteilnehmer. Die Räume sind am besten multimedial ausgestattet (z. B. mit PC, Scanner, Drucker, Metaplanwand, Flipchart, Whiteboards, Kanban-Tafel), funktional eingerichtet (z. B. mit freier Tischanordnung) und können je nach Projektarbeit flexibel gestaltet werden. Wichtig ist, dass sich die Teammitglieder in den Räumen wirklich wohlfühlen und darin gerne an Projekten arbeiten.

Ein positives Beispiel für die offene Kommunikation außerhalb von Hierarchien ist ein Unternehmer der sogenannten »Old Economy«, genauer aus der Süßwarenindustrie, der sein Büro rollierend in den verschiedenen Abteilungen seines Unternehmens aufschlägt. Alle drei Monate zieht er mitsamt seiner Sekretärin in die Räumlichkeiten einer anderen Abteilung, um so eine offene, transparente Kommunikation vorzuleben. Seiner Meinung nach dürfen die Mitarbeiter gerne seine Themen, Projekte und akuten Sorgen miterleben. Dies sensibilisiert sie zum einen für die wichtigen Aufgaben des Unternehmens und schafft gleichzeitig Vertrauen in die Politik des Unternehmers.

4.4.3 Moderation

Definition

Moderationstechniken verbinden Kommunikations- und Kreativitätstechniken. Sie zielen auf eine kollaborative Zusammenarbeit zur Generierung eines gemeinsamen Verständnisses und von Transparenz sowie von neuen Lösungen für Verbesserungen, aber auch Disruptionen. Die Grundregeln für eine kollaborative Zusammenarbeit können dabei (fast) von den Regeln des Brainstormings übernommen werden, die bereits 1938 von Alex F. Osborne aufgestellt wurden (Osborn 1966). Die Regeln sollen die Teilnehmer einer Diskussion dazu ermutigen, spontan und ohne gedankliche Beschränkung eine große Anzahl an Ideen zu produzieren, zu bewerten und nächste Schritte zu planen. Die Ideen werden von der Gruppe aufgegriffen, sachlich kritisiert und assoziativ weiterentwickelt. Wie ein Signal kann man diese Methode immer dann anwenden, wenn Denkblockaden, Ärger, Ernüchterung oder negative Gruppendynamiken um sich greifen.

1. Nach der ersten Grundregel der Moderation – und damit auch der Collaboration – gilt es, der Fantasie aller Teilnehmer freien Lauf zu lassen. Dies entspricht der Träumer-Rolle bei der Walt-Disney-Methode. Jede

Anregung ist willkommen, egal ob sie völlig neu ist oder in der Vergangenheit vielleicht nicht umsetzbar war. Denn manchmal waren Ideen aus der Vergangenheit schon sehr gut, nur war ihre Zeit noch nicht gekommen.

2. Es geht darum, möglichst viele Ideen zu generieren, wobei es in der frühen Phase der Ideenfindung noch nicht um die Ideengüte, sondern um die Ideenmenge geht. Je größer die Zahl der Ideen, umso höher die Wahrscheinlichkeit, dass sich unter ihnen auch einige brauchbare oder sogar brillante Lösungen befinden.

3. Es gibt keinerlei Urheberrechte. Die Ideen anderer Teilnehmer können und sollen aufgegriffen und weiterentwickelt werden. So kommt es zu Assoziationsketten. Gerade in diesem Aspekt besteht ein wichtiges Erfolgsmerkmal von kollaborativen Gruppenarbeiten gegenüber Diskussionen in klassischen Managementstrukturen, bei denen oft Hierarchien und Neid mit ihm Spiel sind.

Im klassischen Brainstorming sind Kritik und Wertung während der Ideensammlung streng verboten. Anders in kollaborativen Gruppenmoderationen. In den gleich noch skizzierten Methoden zur Moderation größerer Gruppen darf offen Kritik ausgesprochen werden, solange sie sachlich begründet und nicht verletzend ist.

Praxis

Zur Moderation kleinerer Gruppen reichen die bereits erwähnten Techniken aus der Kreativitätslehre wie Brainstorming, die Walt-Disney-Methode oder die Umkehrmethode. Sind die Gruppen größer, helfen Methoden wie Open Space, World Café, Barcamp oder die Zukunftskonferenz, um eine kollaborative Zusammenarbeit zu etablieren.

Hintergrund

Erfinder der Gruppenmoderationstechniken

Erfinder der unterschiedlichen Methoden zur Gruppenmoderation sind Harrison Owen (Open Space), Juanita Brown und David Isaacs (World Café), Tim O'Reilly (Barcamp). Open Space wurde 1983 von Harrison Owen entwickelt, nachdem er eine internationale Konferenz mit 250 Teilnehmern organisiert hatte, die die Kaffeepausen als den nützlichsten Teil der Konferenz bewerteten. Danach begab er sich auf die Suche nach einer Konferenzorganisation, bei der die Synergien und Begeisterung einer guten Kaffeepause auf die eigentliche Aktivität und die Ergebnisse einer Konferenz übertragen werden können. Der Name »Barcamp« ist eine Anspielung auf eine Veranstaltungsreihe des Internetpioniers Tim O'Reilly, Miterfinder der Skriptsprache PERL und Mitinitiator der Open-Source-Bewegung. Zu sogenannten FooCamps lud er ausgewählte Personen (Friends of O'Reilly) zum gemeinsamen Austausch und Camping ein.

Charakteristisch für die Methode **Open Space** ist die inhaltliche Offenheit: Die Teilnehmer geben im Rahmen einer konkreten Fragestellung eigene Themen in die Gesamtgruppe und gestalten dazu je eine Arbeitsgruppe. In diesen Gruppen werden mögliche Projekte erarbeitet. Die Ergebnisse werden am Schluss gesammelt mit dem Ziel, daraus Maßnahmen und Handlungsempfehlungen abzuleiten. Die Teilnehmer stimmen quasi mit ihren Füßen darüber ab, welche Themen und Fragestellungen sie für relevant halten, indem sie sich bestimmten Arbeitsgruppen anschließen oder nicht. Die Teilnehmer bleiben auch nur so lange in einer Arbeitsgruppe, wie sie es für sinnvoll erachten. Diese Besonderheit wird als das »**Gesetz der zwei Füße**« bezeichnet.

Ein Open-Space-Workshop kann wenige Stunden dauern, aber auch über mehrere Tage gehen. Zum Schluss eines jeden Tages sammeln alle Arbeitsgruppeninitiatoren ihre Ergebnisse und berichten diese an das gesamte Gremium. Es folgt eine abschließende Gruppendiskus-

sion, die Planung für die nächsten Schritte sowie ein Abschlussritual, in dem der Sitzungsraum geschlossen wird. Als Infrastruktur benötigt Open Space einen zentralen Konferenzraum, groß genug, damit alle Teilnehmer in einem Kreis oder in bis zu drei konzentrischen Kreisen sitzen können. In diesem Raum sollte sich eine bewegliche Wand oder Tafel befinden, an der mit Klebebändern, Pinnnadeln oder Magneten neue Ideen angebracht und diskutiert werden können. Die einzelnen Arbeitsgruppen benötigen weitere Räume, die mit genügend Moderationsmaterialien ausgestattet sein sollten. In den Gruppenräumen arbeiten die Teilnehmer selbstorganisiert und selbstverantwortlich ihre Anliegen gemeinschaftlich ab.

Das **World Café** basiert auf dem Grundgedanken, dass gerade die Pausen- oder noch besser die Café-Atmosphäre zu offenen Diskussionen und Kreativität führen. Diese Methodik ist eine Weiterentwicklung der Open-Space-Technik, nur strukturierter. Während bei Open Space lediglich das konkrete Hauptthema definiert und ansonsten inhaltlich alles offen gelassen wird, bereitet beim World Café eine Planungsgruppe – bestehend aus den zukünftigen sogenannten Gastgebern – individuelle Teilfragen und Themen im Rahmen des Hauptthemas vor. Diese Gastgeber moderieren im Verlauf des eigentlichen World-Café-Workshops an verschiedenen kleinen Tischen die

Diskussion der Teilnehmer im Hinblick auf die vorher definierten Teilfragen. Vier bis sechs Teilnehmer sitzen oder stehen an diesen Tischen, die mit weißen, beschreibbaren Papiertischdecken oder Flipchart-Papier sowie Post-its, Stiften und Marken ausgestattet sind. Eine Café-Runde dauert etwa 15 bis 30 Minuten und wird mindestens zwei- bis dreimal wiederholt, wobei sich zu jeder Gesprächsrunde die Gruppen um die Tische neu mischen. Nur die Gastgeber bleiben die ganze Zeit an ihrem Tisch und präsentieren weiter ihre individuelle Fragestellung.

Barcamps (häufig auch »Unkonferenzen« genannt) haben ebenfalls Ähnlichkeiten mit Open Space, sind aber noch lockerer organisiert. Ein Barcamp besteht aus Vorträgen und Diskussionsrunden (Sessions), die jeden Morgen auf Whiteboards, Metaplänen oder Pinnwänden in sogenannten Grids (Stundenplänen) durch die Teilnehmer selbst koordiniert werden. Alle Teilnehmer sind aufgefordert, selbst einen Vortrag zu halten oder zu organisieren. Nichts ist vorherbestimmt, noch nicht einmal das Ziel des Barcamps.

Die strukturierteste der hier vorgestellten Moderationstechniken ist die Methode der **Zukunftskonferenz**. In fünf Phasen arbeiten sich die Teilnehmer eine gemeinsame Zukunftsvision. Diese fünf Phasen gliedern sich üblicherweise wie in Abbildung 4.36 aufgeführt, wobei gleich zu Beginn ein gemeinsames Bewusstsein und gedankliches Fundament für die Entwicklung notwendiger Zukunftsmaßnahmen geschaffen wird.

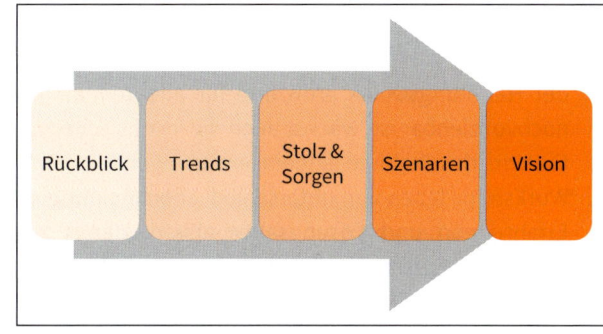

Abb. 4.36: Zukunftskonferenz

Konsequenzen

Bis auf die Barcamp-Methode gelten bei den hier genannten Moderationstechniken mindestens **fünf Voraussetzungen**, damit die Zusammenarbeit von Gruppen und Teams in Workshops kollaborativ und zielorientiert stattfindet:

1. Im Mittelpunkt steht stets die Lösung konkreter Fragestellungen und Aufgaben.

2. Workshops sollten ausschließlich für komplexe Themen initiiert werden. Einfache Fragestellungen benötigen keine Gruppenmoderationstechniken, hier reicht ein einfaches Brainstorming aus.

3. Die Dringlichkeit der Aufgaben, die für den Workshop ausgewählt werden, sollte möglichst hoch sein. Wenn der Handlungsdruck groß und für alle Teilnehmer nachvollziehbar ist, wächst auch die intrinsische Motivation, das Problem gemeinsam anzugehen.

4. Workshops leben von unterschiedlichen Meinungen, Erfahrungen und Lösungsalternativen, damit am Ende umsetzbare Ergebnisse resultieren. Diese Art von Gruppenarbeiten profitieren also von interdisziplinären Teams mit Teilnehmern aus verschiedenen Organisationsbereichen sowie mit unterschiedlichen Berufsausbildungen und Fachkompetenzen.

5. Auch hier gilt das Gesetz der Wenigen: Teilnehmen sollten nur jene Personen, denen wirklich etwas an einer Lösung liegt. Wichtig ist also erneut die richtige Auswahl der Teilnehmer aus dem Kreise der Leistungsträger und Stakeholder, wie in Kapitel 4.3.2 beschrieben. Die an Veränderungen interessierten Personen sollten sich entsprechend auf Meinungsmacher konzentrieren, welche einen asymmetrisch großen Einfluss auf ihr Umfeld ausüben können.

4.4.4 Ziele und Meilensteine

Definition

Ziele und Meilensteine helfen den Mitgliedern von Organisationen, Verhaltensmuster zu etablieren. Sie unterstützen somit die dritte Phase des Veränderungsmanagements. Abgeleitet aus Visionen, Missionen und Strategien dienen Ziele und Meilensteine der Verfestigung und Etablierung von Veränderungen (dem Re-Freezing).

Die **Vision** drückt ein hohes Ziel bzw. einen erstrebenswerten Zustand in der Zukunft aus. Sie sollte in möglichst wenige Worte gefasst und im Präsens formuliert werden. Eine Vision beschreibt das gemeinsame Wunschbild, sozusagen den »Sehnsuchtsort«, wohin sich eine Organisation bzw. Organisationseinheit entwickeln möchte. Visionen legitimieren Organisation (Legitimationsfunktion), sie vermitteln den Beteiligten einen tieferen Sinn für ihre Tätigkeit (Identifikationsfunktion), sie geben eine Orientierung für alle strategischen und operativen Entscheidungen (Orientierungsfunktion) und sie inspirieren zu Kreativität und Disruption (Inspirationsfunktion).

Die **Mission** dagegen sagt aus, warum es das Unternehmen überhaupt gibt. Daraus ergibt sich auch der Unterschied im Adressaten: Während die Vision vor allem dazu dient, die Mitarbeiter hinter einem Ziel zu versam-

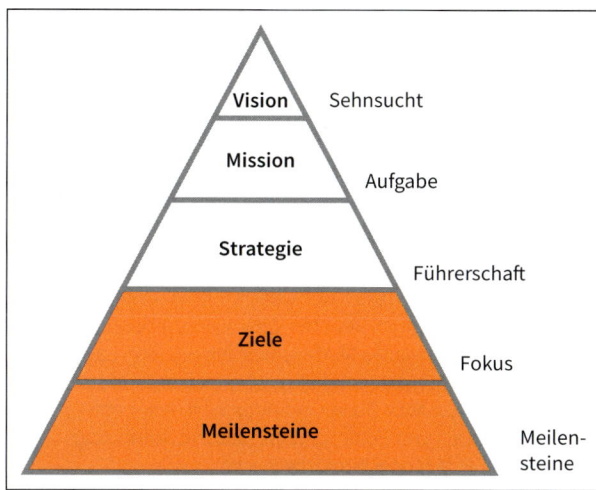

Abb. 4.37: Ziele und Meilensteine

bereits die beiden klassischen Wettbewerbsstrategien der Kosten- und/oder Nutzenführerschaft diskutiert, die sich in den davon abgeleiteten Digitalstrategien wiedergefunden haben (siehe Kapitel 3.1).

Ziele sind konkrete erstrebenswerte Zustände, worauf jemand seine Handlungen bewusst ausrichtet, um ein bestimmtes Ergebnis zu erreichen. Wirtschaftliche Ziele (grundsätzliche Ergebnisse) können durch Messgrößen (bestehend aus einer Kennzahl und ihrem Zielwert) und durch Handlungen (Maßnahmen) definiert werden. Werden unterschiedliche Ziele durch Mittel-Zweck-Beziehungen miteinander verbunden, so spricht man von Zielsystemen und Zielhierarchien mit Ober- und Unterzielen.

Meilensteine sind wichtige Einschnitte oder Wendepunkte in einer Entwicklung. Sie beschreiben einen sehr konkreten, messbaren Teil auf dem Weg zur Zielerreichung. Sie legen fest, wie die Zielerreichung im Nachhinein gemessen und das erzielte Ergebnis bewertet wird. Im Management eines Projektes oder einer Digitalen Transformation teilen Meilensteine den Verlauf in überprüfbare Etappen mit Zwischenzielen. Dies konkretisiert und erleichtert die Projektplanung bzw. -kontrolle für alle Beteiligten.

meln, richtet sich die Mission eher an Kunden sowie alle Stakeholder.

Eine **Strategie** ist ein genauer Plan für das eigene Vorgehen zur Erreichung einer Vision. Alle Faktoren, die auf die Realisation der Vision einwirken können (wie Markt- und Wettbewerbsfaktoren), gilt es bei einer Strategie im Voraus mit einzukalkulieren. An früherer Stelle haben wir

Praxis

Zwei Konzepte sollen an dieser Stelle den Praxisbezug für Steuerungsinstrumente für Zielvorgaben verdeutlichen: das schon ältere Konzept der Balanced Scorecard und das moderne Konzept der Objectives and Key Results.

Die Grundidee der **Balanced Scorecard** (kurz: BSC) zeichnet sich dadurch aus, dass die traditionelle, einseitig monetäre Perspektive basierend auf finanziellen Kennziffern (Financial Measures) um weitere unternehmensrelevante Kriterien ergänzt wird. Denn während rein finanzwirtschaftliche Kennzahlensysteme lediglich Aussagen über die Kosten, den Umsatz und den Erfolg eines Unternehmens in der Vergangenheit treffen, sagen sie nichts über andere Erfolgsfaktoren des Unternehmens sowie seine Stellung im Wettbewerbsumfeld aus. Die Balanced Scorecard ergänzt die finanzwirtschaftliche Perspektive daher durch geeignete Informationen über die Kunden (Customers), die internen Geschäftsprozesse (Internal Business Processes) sowie die Anpassungsfähigkeit (Learning and Growth) des Unternehmens oder alternativ über die Mitarbeiter (Employees). Die Verknüpfung der vier Balanced-Scorecard-Perspektiven folgt der Logik einer Ursache-Wirkung-Beziehung. Demnach müssen alle Ziele und Kennzahlen der BSC mit einem oder mehreren Zielen der finanziellen Perspektive verbunden sein.

Der Ursprung der Balanced Scorecard

Das Konzept der Balanced Scorecard (BSC) wurde bereits Anfang der 1990er-Jahre von Robert S. Kaplan und David P. Norton in enger Kooperation mit zwölf amerikanischen Unternehmen entwickelt. Eine erste Veröffentlichung des Konzeptes erfolge 1992 im Rahmen eines Artikels von Kaplan und Norton in der Zeitschrift Harvard Business Review. Dabei waren diese beiden Autoren aber nicht die ersten bzw. einzigen, die sich um die Entwicklung einer Scorecard, also eines Berichts- bzw. Kennzahlenbogens, bemühten. Alternative Modelle wurden z. B. von Lawrence S. Maisel 1992 in der Publikation »Performance Measurement – The Balance Scorecard Approach« oder von Christopher Adams und Peter Roberts 1993 mit ihrem sogenannten EP^{2}M Model hervorgebracht.

Als Übersetzung bietet sich für die BSC der Begriff »ausgewogener Auswertungsbogen« an. Dabei zielt die BSC auf die Ausgewogenheit von kurzfristigen und langfristigen, monetären und nichtmonetären Kennzahlen sowie zwischen Früh- und Spätindikatoren. Zudem soll eine Balance zwischen Kennzahlen hergestellt werden, die das Unternehmen aus der externen Perspektive der Kapitalgeber und Kunden abbilden, sowie Kennzahlen aus der unternehmensinternen Perspektive. Diese Ausgewogenheit entspricht auch der Erkenntnis, dass eine ein-dimensionale Beschreibung und Steuerung eines Unternehmens – unabhängig davon, welche Dimension betrachtet wird – der Realität nicht gerecht wird. Mithilfe der BSC sollen deshalb die wesentlichen Dimensionen eines Unternehmens dargestellt und die für seine Steuerung benötigten Informationen verfügbar gemacht werden.

Die Methode **Objectives and Key Results** (OKR) ist zwar gleich alt wie die Balanced Scorecard, genoss aber lange keine vergleichbare Bekanntheit und Verbreitung wie die BSC. Dafür kombiniert OKR aber die Ideen des agilen Managements (also der Schnelligkeit und Iteration) mit dem Führen mit Zielen und der Überprüfung der Zielerreichung. OKR ähnelt damit dem Ansatz von Scrum und erlaubt die Dezentralisierung von Entscheidungen.

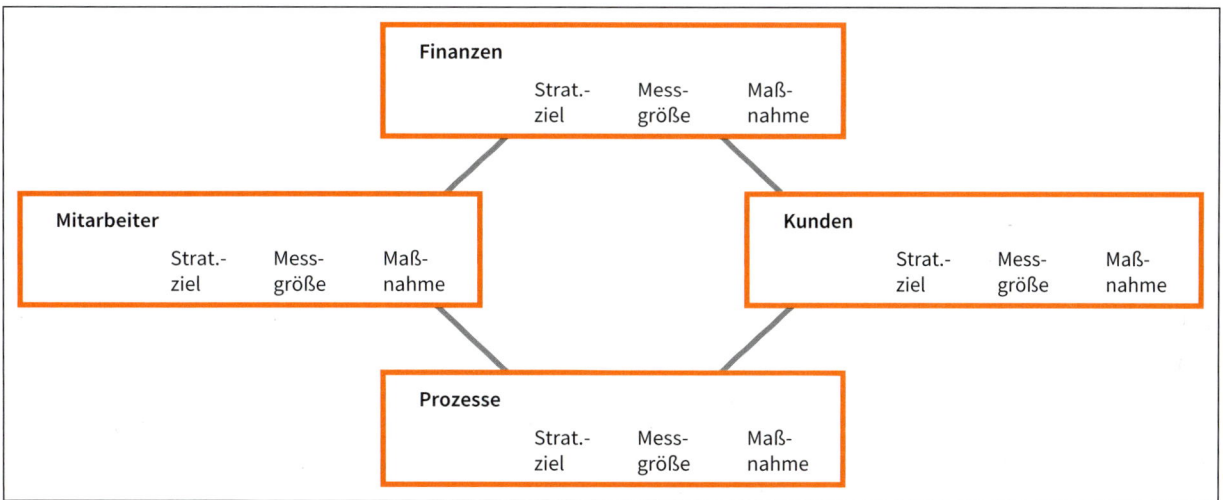

Abb. 4.38: Balanced Scorecard

Der Ursprung von Objectives and Key Results (OKR)

Objectives and Key Results wurde in den 1980er-Jahren zuerst bei Intel eingeführt, wo Intel-Mitgründer Andrew Grove das System in Anlehnung an Managementmethoden wie Peter F. Druckers »Management by Objectives« (kurz: MbO) und George T. Dorans »Specific Measurable Accepted Realistic Time Bound« (kurz: SMART) entwickelte. Google nutzt seit 1999 OKR um quartalsweise Prioritäten festzulegen und Mitarbeiter agil zu führen. Heute gilt Google als einer der Vorreiter von OKR, gefolgt von Unternehmen wie LinkedIn, Twitter, Oracle oder Zalando. Aber auch so mancher deutsche Mittelständler wendet OKR bereits erfolgreich an, wie die Autoren selbst erlebt und begleitet haben.

Die Besonderheit von OKR ist der Quartalsrhythmus, in welchem alle Ziele und Meilensteine im Sinne der Agilität überprüft und neu formuliert werden. Um dies zu realisieren, werden die langfristigen Grundsatzentscheidungen (mit einem Zeitkorridor von 3 bis 5 Jahren) zur Vision, Mission und Strategie einer Organisationseinheit auf kurze, prägnante, mittelfristige Ziele (Mid Term Goals, kurz: **MOALS**) heruntergebrochen, die in einem Zeitkorridor von 6 bis 18 Monaten anvisiert werden. Während die Grundsatzentscheidungen unternehmensweit gelten, spezifizieren die MOALS abteilungs- oder teamspezifische Vorgaben. So ist sichergestellt, dass alle Organisationseinheiten in die gleiche unternehmensweite Richtung steuern.

Aus den MOALS werden dann die kurzfristigen, messbaren Ziele (Objectives) und Schlüsselergebnisse (Key Results, auf Deutsch besser mit Meilensteine zu übersetzen) abgeleitet, die nun in einem Quartalszyklus von den Verantwortlichen umzusetzen sind. Der Quartalszyklus ähnelt der Scrum-Vorgehensweise, weshalb in Abbildung 4.39 erneut das Symbol der Scrum-Methodik verwendet wird. Der Quartalszyklus besteht aus vier sogenannten OKR-Events:

1. **Quartalsplanung** (also der Zielplanung für die nächsten drei bis vier Monate),
2. **Weekly OKR** (wöchentliches Statusmeeting),
3. **Quartals-Review** (Statusmeeting am Ende des Zyklus) und
4. der **Retrospektive** (ein Rückblick zur generellen Überprüfung der bisherigen Arbeitsweise).

Die Ergebnisse der Reviews und Retrospektiven fließen als Rückmeldungen in die langfristigen Grundsatzentscheidungen sowie die mittelfristigen MOALS ein, sodass sich eine nachhaltige Iteration bildet.

Wie bei Scrum gibt es bei OKR die Rolle eines Masters: Ein sogenannter **OKR-Master** begleitet den gesamten

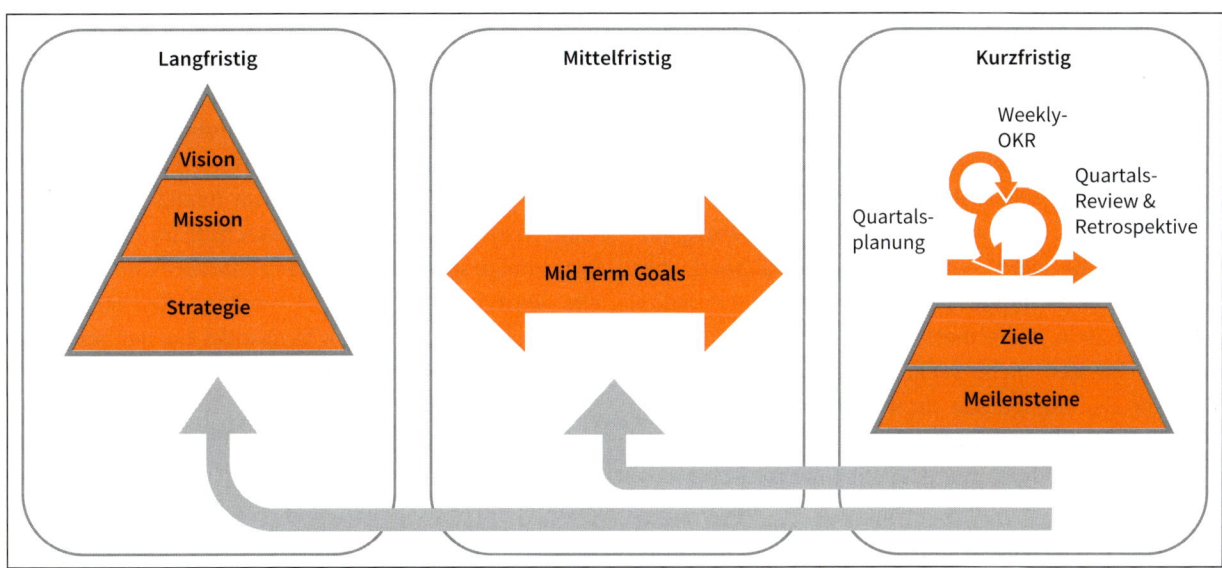

Abb. 4.39: Objectives and Key Results (OKR)

OKR-Prozess. Er führt die OKR-Liste, die eine ähnliche Funktion hat wie der Backlog bzw. Anforderungskatalog bei Scrum. Als schriftliches oder elektronisches Artefakt dokumentiert die OKR-Liste alle Ziele und Zielerreichungen aller Beteiligten transparent für alle. Gerade diese un-ternehmensweite Transparenz von OKR stellt eine weitere Besonderheit dieser Methodik dar: Alle Beteiligten können schnell identifizieren, woran die anderen arbeiten, ob Synergien möglich sind oder ob Interessenkonflikte existieren. Eine weitere Besonderheit ist, dass die

Digitale
Trans-
formation

Digitali-
sierung

Business

Change

Ziele machbar, aber auch motivierend, realistisch, aber auch herausfordernd sind und meist als nicht vollständig erreichbar definiert werden. Eine Zielerreichung zwischen 70 und 90 Prozent gilt als positiv. Umgekehrt wird in der regelmäßigen Zielerreichung von 100 Prozent und mehr die Gefahr von nicht ausreichend ambitionierten Zielen gesehen. Dies widerspricht zwar ein wenig der SMART-Idee, bei welcher das »A« für »ansprechend, aber auch erreichbar« steht. Doch funktionieren die ehrgeizigeren OKR-Ziele, da bei diesem Führungsansatz negative Zielerreichungen nicht sanktioniert werden, sondern vielmehr als Datenpunkte zur Verbesserung zukünftiger OKRs gelten. OKR dient also weniger der Bewertung von Mitarbeitern, sondern als Ansatz zur Zielerreichung.

Lernen ist wichtiger als Kontrolle

Gemäß dem Grundgedanken der Agilität liegt der Fokus der Analyse der OKR-Zielerreichung auf der Frage, warum Prozesse nicht funktionieren oder Ziele nicht erreicht werden, sowie der entsprechenden Verbesserung. Die Aufmerksamkeit gilt weniger der rein reaktiven Kontrolle von Teams, sondern der Weiterentwicklung der Organisation in Zeiten der VUCA-Unsicherheit.

Konsequenzen

Die Balanced Scorecard war bereits mehr als ein Kennzahlensystem, das auch nichtfinanzielle Kennzahlen integriert. Nach den beiden Urhebern Robert S. Kaplan und David P. Norton sollte es als umfassendes Managementsystem gesehen werden, das zwar finanzielle Ziele verfolgt, aber gleichzeitig den Fortschritt im Auge behält. Demzufolge sind Kompetenzen zu fördern und immaterielle Vermögenswerte als Grundlage für zukünftiges Wachstum zu schaffen. Ein besonders Ziel der beiden Erfinder war die Berücksichtigung des veränderten Wettbewerbsumfeldes des Informationszeitalters, gekennzeichnet durch funktionsübergreifendes Arbeiten, schnellen Technologiewechsel, Globalisierung und einer Neudefinition der Rolle der Mitarbeiter. Vor diesem Hintergrund versucht bereits die Balanced Scorecard, den gesamten Planungs-, Steuerungs-, und Kontrollprozess des Unternehmens zu optimieren. Im Fokus stehen Transparenz, der Abbau von Silodenken sowie eine Kombination von Top-down-Zielen, die sich aus Strategien ableiten, und gemeinsam mit den Betroffen definierten Bottom-up-Maßnahmen.

Die OKR-Methode geht mit ihrem Quartalszyklus noch weiter und unterstützt das Ziel der Re-Freezing-Phase, den kontinuierlichen Wandel als Normalität zu etablieren. Quartals-Reviews und wöchentliche Abstimmungen dienen dazu, nicht zu lange an jenen Themen zu arbeiten, die aufgrund neuer Trends vielleicht schon überaltert sind, oder viel zu lange zu warten, bis Abweichungen und Probleme identifiziert und offen angesprochen werden. Besonders die Intention, mittels OKR nicht rein reaktiv Mitarbeiter zu beurteilen, sondern Datenpunkte zur Verbesserung zukünftiger OKR zu entdecken, unterstützt den fortlaufenden Prozess der Digitalen Transformation. Die Konkretisierung operativer Themen, die aus den strategischen Grundsatzentscheidungen abgeleitet wurden, hilft Mitarbeitern und Teams, ihre Aufgaben zu erledigen und gleichzeitig die strategischen Ziele ihrer Organisationseinheit zu erreichen. Ganz im Sinne der Iteration, aber auch der schnellen Erfolge bieten die Quartals-Reviews nicht nur Anlass zu Feedback, sondern auch zur Anerkennung. Erfolgreich abgeschlossene terminierte Meilensteine sind schnelle Erfolge (Quick Wins), und als diese zu würdigen und zu feiern!

Literaturhinweise

Anderson, D.J.: Kanban. Evolutionäres Change Management für IT-Organisationen, Heidelberg 2011.

Blank, S./Dorf, B.: Das Handbuch für Start-ups, Heidelberg 2014.
Buhse, W.: Management by Internet – Neue Führungsmodelle für Unternehmen in Zeiten der digitalen Transformation, Kulmbach 2014.
Brown, T.: Change by Design, New York 2009.

Chan Kim, W./Mauborgne, R.: Blue Ocean Strategie, in: Harvard Business Review, Oktober 2004, S. 173–181.
Christensen, C.: The Innovators Dilemma, Boston 2016.

De Bono, E.: De Bono's neue Denkschule. Kreativer denken, effektiver arbeiten, mehr erreichen, München 2002.
Disselkamp, M.: Innovationen und Veränderungen, Stuttgart 2017.
Dilts, R.B.: Strategies of Genius, Volume I, Capitalo 1994.
Doppler, K./Lauterburg, C.: Managing Corporate Change, Heidelberg 2001.

Gladwell, M.: The Tipping Point. How Little Things Can Make a Big Difference, London 2000.

Hersey, P./Blanchard, K.: Management of Organizational Behavior, New York 1982.

Kotter, J.P.: Leading Change, München 2015.

Laloux, F.: Reinventing Organizations, München 2016.
Lewin, K.: Group decision and social change, in: Maccoby E.E., Newcomb, T.M./Hartley, E.L. (Hrsg.): Readings in Social Psychology, New York 1958.
Lobacher, P./Jacob, C./Haag, J./Schubert, M.: OKR – Das ultimative Kompendium, München 2017.

Porter, M.: Competitive Advantage, New York 1985.
Preußig, J.: Agiles Projektmanagement, Freiburg 2015.

Osborn, A.: Applied Imagination – Principles and Procedures of Creative Problem Solving, New York 1966.
Osterwalder, A./Pigneur, Y./Smith, A.: Business Model Generation, Hoboken/New Jersey 2016.

Ries, E.: Lean Startup, London/New York 2011.
Robertson, B.J.: Holocracy. The Revolutionary Management System that Abolishes Hierarchy, New York 2015.

Weill, P./Woerner, S.L.: Optimizing Your Digital Business Model, in: MIT Sloan Management Review, Vol. 54, Nr. 3, 2013.

Stichwortverzeichnis